JN271594

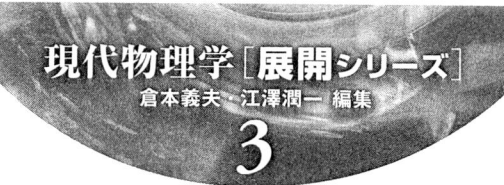

現代物理学［展開シリーズ］
倉本義夫・江澤潤一 編集
3

光電子固体物性

髙橋　隆
［著］

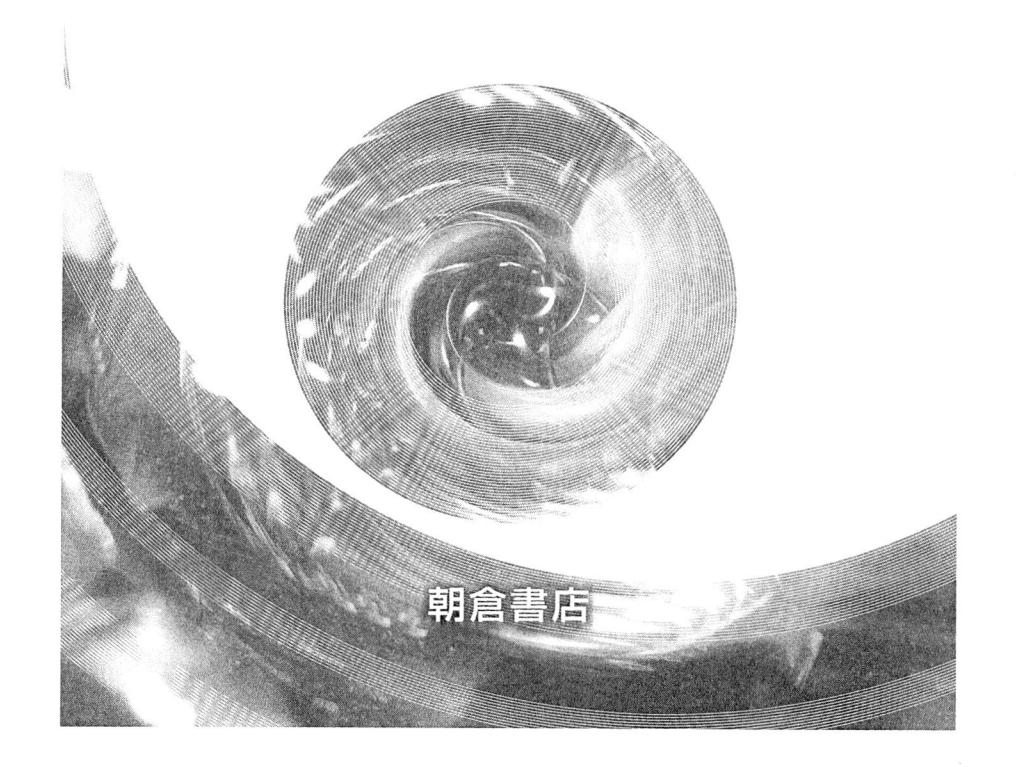

朝倉書店

編 集 委 員

<ruby>倉<rt>くら</rt></ruby><ruby>本<rt>もと</rt></ruby><ruby>義<rt>よし</rt></ruby><ruby>夫<rt>お</rt></ruby>　　東北大学大学院理学研究科・教授

<ruby>江<rt>え</rt></ruby><ruby>澤<rt>ざわ</rt></ruby><ruby>潤<rt>じゅん</rt></ruby><ruby>一<rt>いち</rt></ruby>　　東北大学名誉教授

まえがき

　光電子分光は，物質の電子構造を観測する最も単純でかつ直接的な実験法である．本書は，近年飛躍的な分解能向上を達成して，物性物理学や材料科学における基盤的実験法として広く活用されている光電子分光について，その基本原理や実験装置，さらに最近の具体的研究例について解説したものである．想定している読者は，これから物性物理学や材料科学の分野に進み，将来，自分の研究の発展のために光電子分光を利用しよう考えている広い分野の学生や研究者である．したがって，本書では光電子分光理論や測定技術の詳細に深くは立ち入らず，「光電子分光とはどのような実験手段で，どのような情報が得られるか」に力点をおいた．

　光電子分光は近年飛躍的な分解能向上を達成した．これは，1980年代後半の高温超伝導体の発見とその後の爆発的研究発展と関係している．それまでの光電子分光のエネルギー分解能は 0.3〜1 eV 程度で，価電子帯全体の大まかな構造は観測できるものの，超伝導などの物性発現に直接関係するフェルミ準位ごく近傍数十 meV の電子構造の詳細は観測できなかった．高温超伝導体の研究進展の中で，「物質の電子状態を運動量（波数）にまで分解して観測できる唯一の実験法」である光電子分光に大きな期待がかかり，超伝導ギャップとその対称性の直接観測を目指したエネルギー分解能向上の努力が行われた．その結果，分解能は急速に上昇して，現在では 1 meV を切る測定が可能になっている．この分解能の向上によって，物質の物性発現の起源となるフェルミ準位近傍の電子構造の詳細な実験的決定が可能となった．例えば，超伝導体の超伝導ギャップとその対称性，相転移に伴うフェルミ面形状の変化，さらに，多体相互作用の結果生成される準粒子までもが測定の対象となっている．さら

に，分解能の向上に加え，それまで光電子分光では大きな困難とされてきた「光電子のスピン測定」の高効率化も達成され，高分解能で運動量とスピンにまで分解した詳細な電子構造の決定が可能となっている．

　本書では，まず固体の電子構造の成り立ちについて説明し（第1章），ついで光電子分光の基礎と実験法について述べる（第2，3章）．第4章では，様々な種類の光電子分光について，それぞれの特徴と測定法の違いを説明する．第5章は，光電子分光と相補的な関係にある「逆光電子分光」について解説する．最後の第6章は，近年大きく発展した光電子分光（高分解能光電子分光）について，現在進められている様々な研究（高温超伝導体，グラフェン，表面電子スピン系など）を例にとって，その現状を解説する．読者が，これらの研究例の中から，光電子分光を利用して自分の研究をさらに発展させるヒントを得られることを期待したい．

　本書の執筆に際して，佐藤宇史氏，相馬清吾氏には，全体を通読していただき有益なコメントをいただいた．ここに感謝する．

　2011年1月

髙橋　　隆

目　　次

1. 固体の電子構造……………………………………………………………1
    1.1 原子・分子から固体へ………………………………………………1
    1.2 固体中の電子（ブロッホ関数）……………………………………3
    1.3 バンド構造……………………………………………………………5
    1.4 バンドギャップ………………………………………………………8
    1.5 フェルミ面……………………………………………………………10
    1.6 素励起と準粒子………………………………………………………13

2. 光電子分光の基礎…………………………………………………………15
    2.1 外部光電効果…………………………………………………………15
    2.2 光電子放出過程………………………………………………………16
    2.3 光電子放出の速度と深さ……………………………………………19
    2.4 光電子強度（光励起微分断面積）…………………………………21
    2.5 光電子スペクトル（光電子スペクトル関数）……………………22
    2.6 2種類の光電子スペクトル（EDC と MDC）………………………26

3. 光電子分光の装置と技術…………………………………………………28
    3.1 測定装置概要…………………………………………………………28
    3.2 光　　　源……………………………………………………………30
    3.3 エネルギー分析器……………………………………………………38
    3.4 運動量の測定…………………………………………………………41
    3.5 スピン検出器…………………………………………………………42

3.6　試　　　料 ··· 45

4. 様々な光電子分光 ··· 47
　4.1　角度積分光電子分光 ··· 47
　4.2　共鳴光電子分光 ·· 49
　4.3　角度分解光電子分光 ··· 52
　　4.3.1　角度分解光電子分光の原理 ······································ 52
　　4.3.2　バンド分散の決定 ··· 54
　　4.3.3　X線を用いた角度分解光電子分光 ···························· 60
　4.4　スピン分解光電子分光 ·· 61

5. 逆光電子分光と関連分光 ·· 65
　5.1　逆光電子分光 ··· 65
　　5.1.1　逆光電子分光の原理 ··· 65
　　5.1.2　逆光電子分光の実験装置 ·· 68
　　5.1.3　スピン分解逆光電子分光 ·· 72
　5.2　2次電子分光 ··· 74

6. 高分解能光電子分光 ·· 79
　6.1　高分解能光電子分光の進歩 ··· 79
　6.2　高分解能光電子分光装置 ·· 79
　6.3　銅酸化物高温超伝導体 ·· 82
　　6.3.1　バンド構造とフェルミ面 ·· 82
　　6.3.2　超伝導ギャップとその対称性 ································· 86
　　6.3.3　ボゴリューボフ準粒子 ··· 88
　　6.3.4　多体相互作用 ··· 94
　6.4　金属系高温超伝導体 MgB_2 ··· 96
　6.5　1次元金属（スピンと電荷の分離） ······························ 100
　6.6　重い電子系 ··· 103

- 6.7 グラフェン ………………………………………………………… 106
- 6.8 表面電子系 ………………………………………………………… 110
  - 6.8.1 電子-格子結合：Be 表面 ……………………………………… 110
  - 6.8.2 表面1次元金属鎖のパイエルス転移：In/Si 系 ………………… 112
- 6.9 スピン分解高分解能光電子分光 ………………………………… 115
  - 6.9.1 高エネルギー分解能スピン分解光電子分光装置 ……………… 115
  - 6.9.2 表面におけるスピン軌道相互作用分裂：表面 Rashba 効果 …… 118

文　　献 ……………………………………………………………………… 123
さらに勉強するために ……………………………………………………… 126
索　　引 ……………………………………………………………………… 127

1 固体の電子構造

1.1 原子・分子から固体へ

原子中の電子は，量子数 (n, l, m) と呼ばれる指数で指定される**原子軌道**（atomic orbital）に，パウリの排他律に従ってスピンの方向の異なる電子が1個ずつ計2個入り，離散的なエネルギー準位を形成することが知られている（図1.1）．連続的なエネルギー状態をとることのできる自由電子と異なり，原子核のクーロンポテンシャルに束縛された電子は，非常に幅の狭い離散的なエネルギー状態しかとることができない．この2つの原子が結合して分子を形成した場合のエネルギー状態を考えよう．それぞれの原子は同等であり，2つの同等な原子軌道同士が相互作用して2個の異なる**分子軌道**（molecular orbital）を

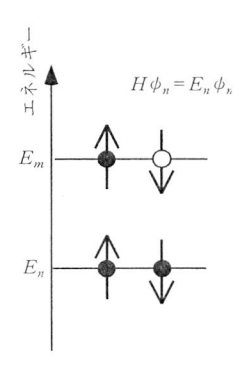

図 1.1　原子中の電子のエネルギー準位（原子軌道）

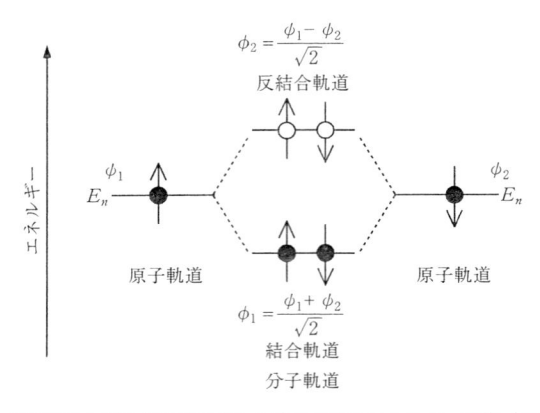

図 1.2 同種原子2個で分子を形成した時の電子のエネルギー準位（分子軌道）

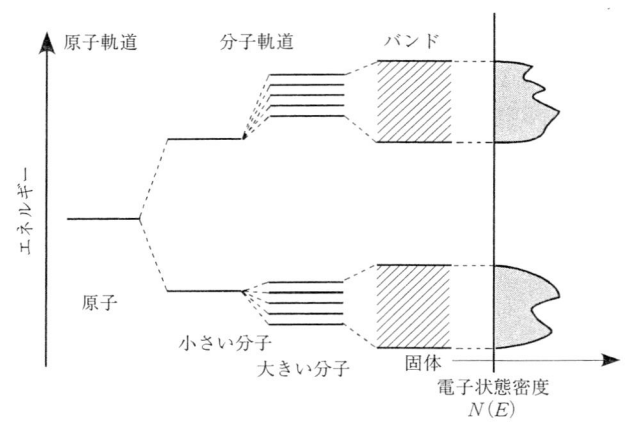

図 1.3 原子，分子さらに固体へと変化した時の電子のエネルギー準位 固体中では，電子は「バンド」を形成する．

作る（図 1.2）．それぞれの分子軌道の波動関数は2個の原子軌道の和または差として記述され，エネルギーの高低に対して，反結合または結合軌道と呼ばれる．異なる原子から形成される2原子分子の場合は，その結合または反結合軌道における分子軌道中の各原子軌道の比率が異なり，新しく形成された分子軌道のエネルギー準位も，元々の原子軌道のエネルギー準位に偏った位置に形成される．いずれにしても，原子から分子へと電子数が増加した場合，エネ

ギー準位は分裂して増加し、さらにより大きな分子においては、それぞれの離散的なエネルギー準位は徐々に密集してくる．最終的に，アボガドロ数ほどの原子を持つ巨大分子，つまり固体においては，その中ではエネルギー準位が連続的と見なせるいくつかのエネルギーの帯，**バンド**（band）を形成すると考えられる（図 1.3）．エネルギー軸で見ると，電子が存在できる領域と存在できない領域があることになる．この，エネルギー軸に対する電子の密度分布を**電子状態密度**（electron density of states, $N(E)$）と呼ぶ．

1.2 固体中の電子（ブロッホ関数）

自由空間における自由電子の1つの存在形態は**平面波**（plane wave）であり，その波動関数は $\phi = \exp(-ikr)$，エネルギーは $E = \hbar^2 k^2 / 2m$，運動量は $p = \hbar k$ と書ける．この電子が固体中に入り込んだ場合，波動関数やエネルギーはどのように変化するだろうか？　いま，固体として原子が規則正しく並んだ結晶を考えよう[1]．ここで問題を簡単にするために，原子が1次元に並んだ1次元結晶固体（図 1.4（a））を考える．しかし，まだ1次元結晶の鎖の端をどう扱うかという問題が残る．問題を解きやすくするために仮想的な周期的境界条件を

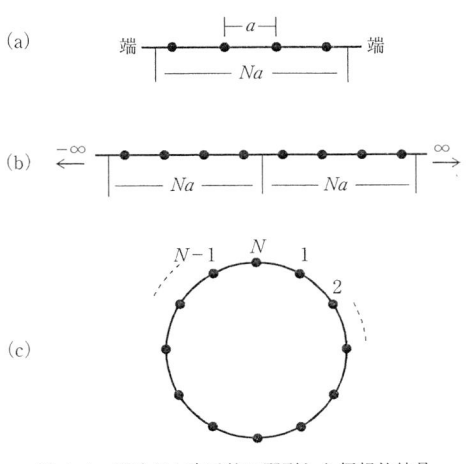

図 1.4　原子が1次元的に配列した仮想的結晶

導入する．N個の原子からなる1次元鎖を考え，それが無限個繰り返しているとする（図1.4 (b)）．別の見方をすれば，図1.4 (c) のようにN個の原子がリングを形成して，リングを1周するとN番目の原子の後はまた最初の原子に戻ると考える．そうすると，電子の波動関数には次のような周期的境界条件が成立する．

$$\phi(x+Na)=\phi(x) \tag{1.1}$$

次にリング上の各原子（電子）について考えよう．1次元格子上で原子1個分（つまり1格子a）移動した場合，波動関数は次のように変化すると仮定する．

$$\phi(x+a)=m\phi(x) \tag{1.2}$$

ここでmは複素数の定数である．式の周期的境界条件より，

$$\phi(x+Na)=m^N\phi(x)=\phi(x) \tag{1.3}$$

となり，

$$m^N=1 \tag{1.4}$$

となることがわかる．

さらに，リング上の原子は等間隔に並び同等であるので，リング上で原子を1個（1格子）動かしても，電子の密度は不変でなければならない．つまり，

$$\phi^*(x+a)\phi(x+a)=\phi^*(x)\phi(x) \tag{1.5}$$

このことから，

$$m^*m=1 \tag{1.6}$$

(1.4) と (1.6) の2式より，

$$m=\exp\left(\frac{i2\pi s}{N}\right), \quad (s=0,1,2,\cdots,N-1) \tag{1.7}$$

ここで，$k=2\pi s/Na$と定義して，$N\to\infty$とすると，kは連続数となる．kは**波数**（wave number）と呼ばれ，運動量（$\hbar k$）を表す量である．

以上のことから，

$$\phi(x+a)=\exp(ika)\phi(x) \tag{1.8}$$

となる．ここで自由電子の波動関数である平面波$\phi(x)=\exp(ikx)$は式 (1.8) を満たすので1つの解となる．さらに，

$$\phi(x) = \exp(ikx)u(x) \tag{1.9}$$

で，$u(x+a) = u(a)$ を満たす周期的関数 $u(x)$ が存在する場合も解となる．

式（1.9）は，**ブロッホ関数**（Bloch function）と呼ばれ，結晶固体中の電子の波動関数が，平面波と結晶の周期に従う周期関数の積で書けることを示している．各原子の原子軌道が周期的関数 $u(x)$ を形成し，その振幅が平面波によって変調されていると考えることができる．

1.3 バンド構造

式（1.9）で与えられるブロッホ関数からどのような電子状態が形成されるかを考えてみる．前節と同様に周期的境界条件を持つ単一原子からなる 1 次元結晶を考える．簡単のため，各原子には s 軌道対称性を持つ電子が 1 個しか含まれていないとする．その n 番目の原子にいる電子の原子軌道を $\chi_n(x)$ とする．この 1 次元原子鎖全体の波動関数はどのように書けるだろうか？　上述したように，ブロッホ関数は，各原子軌道から構成される周期的関数に平面波が乗せられたものと見なすことができる．したがって，結晶全体にわたる波動関数を各原子軌道の和で書くことは不自然ではない．そこで，

$$\phi(x) = \sum_n c_n \chi_n(x) \tag{1.10}$$

と書くことにする．この近似を LCAO（Linear Combination of Atomic Orbital）と呼ぶ．ここで，

$$c_n = \exp(ik_n a), \qquad k = \frac{2\pi s}{Na} \quad (s = 0, 1, 2, \cdots, N-1) \tag{1.11}$$

とすれば，式（1.10）はブロッホ関数となることがわかる．ここで，k は，$-\pi/a < k < \pi/a$ の間の値をとる．

次に，式（1.10）のブロッホ関数がどのようなエネルギー状態をとるか調べてみる．エネルギー固有値は，

$$E_k = \frac{\int \phi_k^* \hat{H} \phi_k \, dx}{\int \phi_k^* \phi_k \, dx} \tag{1.12}$$

と書ける．ここで，

$$\int \phi_k^* \hat{H} \phi_k dx = \sum_{n=1}^{N} \left\{ \sum_{m=1}^{N} \exp[i(n-m)ka] \int \chi_m^* \hat{H} \chi_n dx \right\} \quad (1.13)$$

$$\int \phi_k^* \phi_k dx = \sum_{n=1}^{N} \left\{ \sum_{m=1}^{N} \exp[i(n-m)ka] \int \chi_m^* \chi_n dx \right\} \quad (1.14)$$

である．ここで，次の仮定と近似を導入する．

各原子軌道は規格化されている． $\int \chi_n^* \chi_n dx = 1$ (1.15)

異なる原子軌道の重なりを無視する． $\int \chi_n^* \chi_m dx = 0, \quad (n \neq m)$

すると，式 (1.14) の積分は次のようになる．

$$\int \phi_k^* \phi_k dx = N \quad (1.16)$$

次に式 (1.13) を具体的に計算する．式中で，$n=m$ の場合はそれぞれの原子軌道のエネルギー固有値となる．また，$n \neq m$ の場合は，鎖の中で隣り合った原子間同士の相互作用のみを考慮し，それ以外は無視する近似をとる．したがって，

$$\int \chi_n^* \hat{H} \chi_n dx = \alpha$$

$$\int \chi_m^* \hat{H} \chi_n dx = \beta \; (n \text{ と } m \text{ が隣接している場合}) \quad (1.17)$$

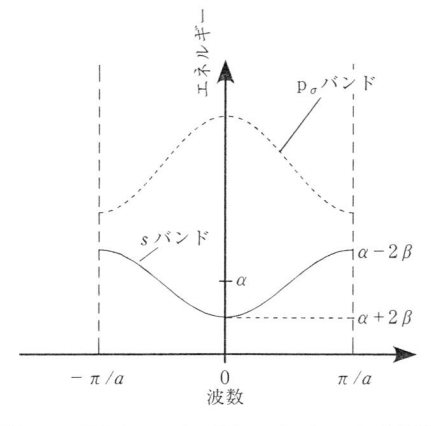

図 1.5 結晶中の s バンドと p バンドのバンド構造

1.3 バンド構造

すると

$$\int \phi_k^* \hat{H} \phi_k dx = N\{\alpha + 2\beta \cos(ka)\} \tag{1.18}$$

となり，式 (1.12) より，エネルギー固有値は，

$$E_k = \alpha + 2\beta \cos(ka), \quad \left(-\frac{\pi}{a} < k < \frac{\pi}{a}\right) \tag{1.19}$$

となる．s 軌道に対しては，相互作用積分 β は負となるので，エネルギー固有値 E_k は，図 1.5 に示したように $k=0$ を中心として下に凸のバンドを形成することがわかる．そのバンド幅は $4|\beta|$ となり，隣接原子間の相互作用が大きければ大きいほど幅が広くなることがわかる．さらに，図 1.5 には，各原子軌道が s 軌道よりエネルギー的に高い p_σ 軌道の場合についても示している．この場合，波動関数の相互作用積分 β は s 軌道の場合と逆で正となるので，バンドは $k=0$ で上に凸となる．

以上のように，各原子軌道の和として作成したブロッホ関数は，図 1.5 に示すように，波数（運動量）の関数として変化するエネルギー固有値を与える．このエネルギーと波数の関係を**バンド構造**（band structure）と呼ぶ．以上の議論は 1 次元についてであったが，2 次元，3 次元に拡張することは容易である．図 1.6 に，2 次元金属であるグラファイトのバンド構造を示す．グラファイト結晶中の炭素平面内に伸びている p_σ 軌道と，それに垂直な p_π 軌道がバ

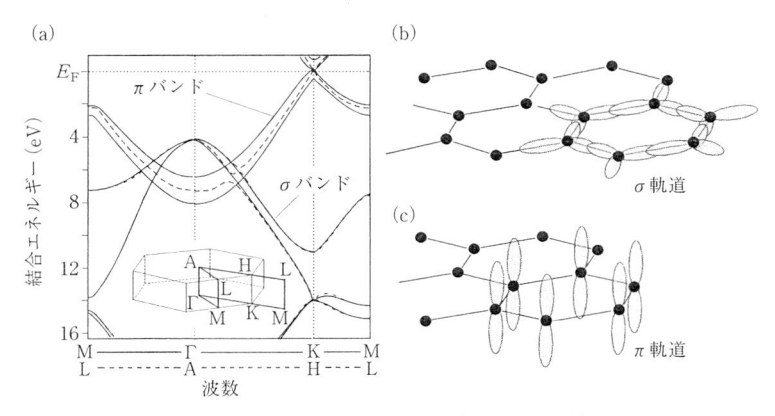

図 1.6 グラファイトの (a) バンド構造と，(b) σ 軌道と (c) π 軌道の模式図

ンドを形成していることがわかる．グラファイトは，その単純な結晶構造を反映して比較的単純なバンド構造を示すが，一般の物質は非常に複雑なバンド構造を持つ．

1.4 バンドギャップ

1.1節で，原子から分子を通って固体に到達した場合，その電子状態は不連続的な電子レベルから出発して，エネルギー準位が連続的と見なせるいくつかのエネルギーの帯（バンド）を形成することを説明した（図1.3）．つまり，固体中の電子には，存在できるエネルギー領域と存在できないエネルギー領域があることになる．この電子の存在できないエネルギー領域を**エネルギーギャップ**（energy gap）と呼ぶ．このエネルギーギャップがどのような原因で形成されるかを考える．

図1.5の，1次元鎖についてのLCAOから求めたバンド構造を見ると，sバンドとpバンドの間が空いており，バンドギャップが存在しているように見える．これは，s軌道のエネルギー準位とp軌道のエネルギー準位がそれぞれのバンドの幅を考慮しても重ならない場合は正しいが，s準位とp準位のエネルギーが接近している場合はそれぞれのバンドが重なってしまいエネルギーギャップが形成されないこともある．

エネルギーギャップの形成の原因を自由電子モデルから出発して考える．図1.7のような1次元の周期的な井戸型ポテンシャル中の電子の運動を考える

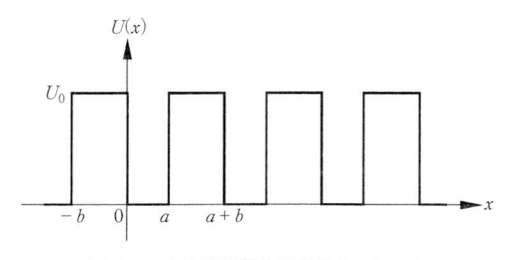

図 1.7　1次元周期井戸型ポテンシャル

(Kronig-Penny の問題)[2]．シュレディンガー方程式は次のように書ける．

$$-\frac{\hbar^2}{2m}\frac{d^2\phi}{dx^2}+U(x)\phi(x)=\varepsilon\phi(x) \tag{1.20}$$

ここで，

$$U(x)=\begin{cases}0, & (0<x<a)\\ U_0, & (-b<x<0)\end{cases}$$

である．$U=0$ および $U=U_0$ のそれぞれの領域に対して以下のように波動関数を定義する．

$$\phi(x)=Ae^{iKx}+Be^{-iKx}, \quad (0<x<a) \tag{1.21}$$

$$\phi(x)=Ce^{Qx}+De^{-Qx}, \quad (-b<x<0) \tag{1.22}$$

ここで，波動関数がブロッホ関数となるための条件

$$\phi(a<x<a+b)=\phi(-b<x<0)e^{ik(a+b)} \tag{1.23}$$

および，波動関数の連続条件，つまり $\phi(x)$ および $d\phi(x)/dx$ が $x=0$ と $x=a$ で連続である条件を用いて以下の4式を導き出すことができる．ここで，固体中の電子がブロッホ関数となる条件が重要となる．

$$\begin{aligned}A+B &= C+D\\ iK(A-B) &= Q(C-D)\\ Ae^{iKa}+Be^{-iKa} &= (Ce^{-Qb}+De^{Qb})e^{ik(a+b)}\\ iK(Ae^{iKa}-Be^{-iKa}) &= Q(Ce^{-Qb}-De^{Qb})e^{ik(a+b)}\end{aligned} \tag{1.24}$$

以上の4式が有意の解を持つ条件（行列式＝0）から，以下の関係式が導き出せる．

$$\frac{Q^2-K^2}{2QK}\sinh Qb \sin Ka+\cosh Qb\cos Ka=\cos k(a+b) \tag{1.25}$$

ここで，$b\to 0$，$U_0\to\infty$ の極限操作を行う．このとき，$Q^2ba/2$ は有限の値をとり，それを P とすると以下の関係式が得られる．

$$\frac{P}{Ka}\sin Ka+\cos Ka=\cos ka \tag{1.26}$$

この式から適当な P の値について，k と ε の関係を示したものが図1.8である．自由電子のエネルギー分散（$\varepsilon=\hbar^2k^2/2m$）から外れて，$k=\pi/a, 2\pi/a,...$ でエネルギーに跳びができていることがわかる．つまり，固体中の環境をまねた周期的井戸型ポテンシャル中の電子には，存在できないエネルギー領域（エ

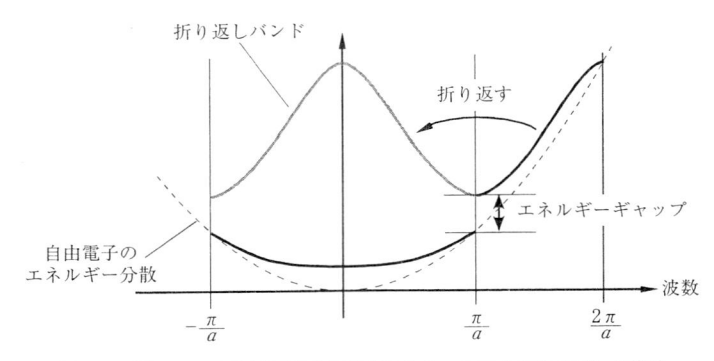

図 1.8 図 1.7 の 1 次元周期井戸型ポテンシャル中の電子のバンド構造．ブリルアンゾーンの境界でエネルギーの跳び（エネルギーギャップ）を持つ．

ネルギーギャップ）が存在することがわかる．

さらに，固体中の電子は結晶の周期的な格子により反射され（ブラッグ反射），逆格子ベクトル $G(=\pm 2\pi/a)$ の整数倍の波数の任意性を持つことから，バンドをすべて $(-\pi/a < k < \pi/a)$ の領域に折り畳むことができる．図 1.8 からわかるように，バンドはブリルアンゾーン（逆格子空間におけるウィグナー–ザイツ格子（Wigner-Seitz cell））の境界 $(k=-\pi/a, \pi/a)$ でギャップを持つことがわかる．このブリルアンゾーン境界におけるバンドのエネルギーの跳びがバンドギャップの原因である．

1.5 フェルミ面

バンド構造中で，その物質の物理および化学的性質（物性）に最も強く影響する領域は，電子が占められている最も高いエネルギー領域（または，電子が占められていない最も低いエネルギー領域）である．絶対零度においてこの 2 つのエネルギー領域を分けるエネルギーを**フェルミ準位**（Fermi level, E_F）と呼ぶ．金属においては 2 つのエネルギー領域は連続的であり，電子は無限小のエネルギーで励起され電気伝導に寄与する．また，2 つの領域の間に有限のエネルギーギャップが存在する**半導体**（semiconductor）や**絶縁体**（insulator）においても，光や熱などで電子はギャップを跳び越えて励起できるため，フェ

1.5 フェルミ面

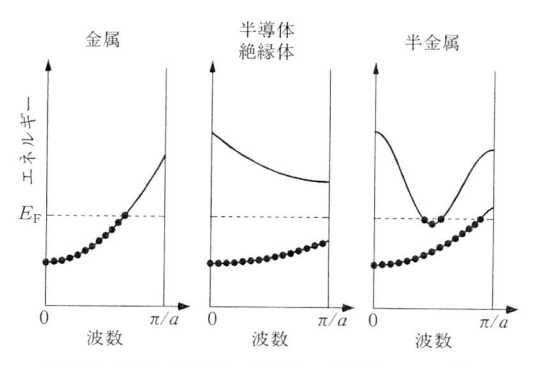

図 1.9 金属,半導体,絶縁体,半金属のバンド構造

ルミ準位近傍の電子状態は物質の物性を大きく支配する（図1.9）.

上述したように，バンド構造は波数（k）とエネルギー（E）の関係を表す．したがって，3次元逆格子空間中の E-k 関係（バンド構造）で等しいエネルギーを繋いだものは面となる．このエネルギーとしてフェルミ準位をとったものを**フェルミ面**（Fermi surface）と呼ぶ．

まず仮想的な固体中の自由電子を考えよう．電子のエネルギーは，

$$E = \frac{\hbar^2}{2m}(k_x^2 + k_y^2 + k_z^2) \tag{1.27}$$

で与えられる．電子の数が少なく，図1.10に示すように，自由電子のバンド分散（放物線バンド）がブリルアンゾーン境界に達する前にフェルミ準位（E_F）

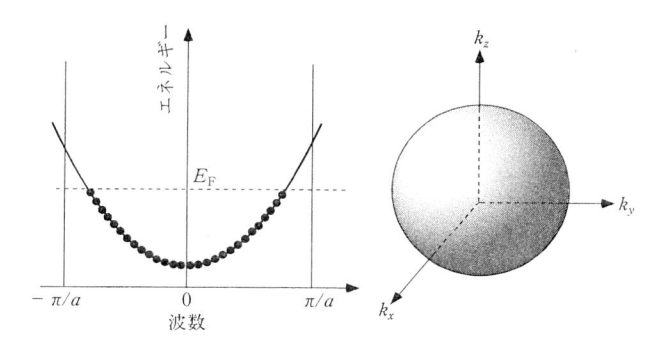

図 1.10 自由電子のバンド分散とそれが作る球状のフェルミ面

12   1. 固体の電子構造

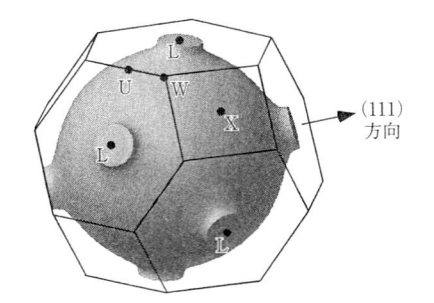

図 1.11 銅（Cu）のフェルミ面

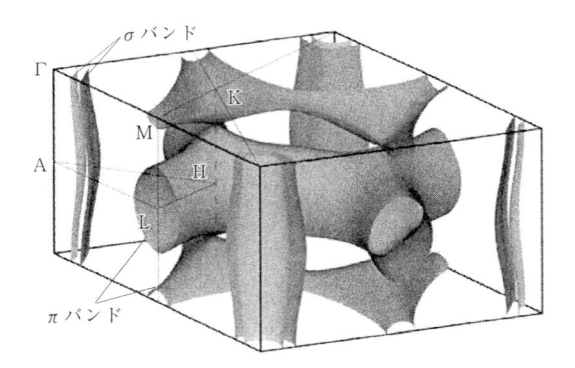

図 1.12 金属系高温超伝導体 MgB_2 のフェルミ面[3]

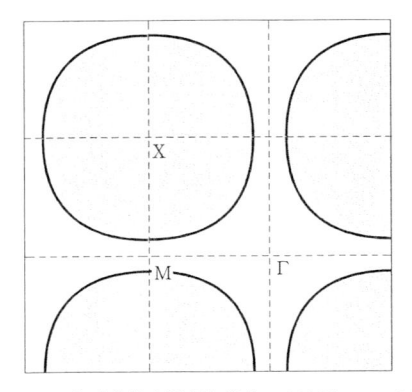

図 1.13 銅酸化物高温超伝導体の2次元フェルミ面

に来た場合は，そのフェルミ面は図 1.10 に示すように球面となる．銅の 4s 電子からなるフェルミ面がほぼこれに相当し（図 1.11），全体としては球状のフェルミ面であるが，fcc 結晶のブリルアンゾーン（111）方向に，隣接原子間の相互作用により伸びてブリルアンゾーン境界に接して，隣のフェルミ面と接続している．

銅の 4s 電子からなるフェルミ面のように，自由電子からの単純な類推で想像されるようなものは少なく，一般にフェルミ面は非常に複雑で，なおかつブリルアンゾーン中に 1 枚とは限らない．図 1.12 に，最近発見された金属系高温超伝導体 2 ホウ化マグネシウム（MgB_2）のフェルミ面を示す[3]．2 種類のホウ素 2p 電子（π および σ 電子）から構成される 2 種類のフェルミ面が存在することがわかる．ちなみに，MgB_2 の超伝導は，2 枚のフェルミ面のうちの σ フェルミ面で主に起きていることが見出されている．また，2 次元的な性質の強い高温超伝導体のフェルミ面は図 1.13 に示すように比較的単純で，2 次元ブリルアンゾーンの X 点を中心とした円であることがわかっている[4]．高温超伝導は，このフェルミ面上の電子 2 個がペアを組むことで超伝導になると考えられる．このように，フェルミ面を決定することは，物質の物性を理解する上で非常に重要である．

1.6　素励起と準粒子

物質の示す様々な性質は，固体中で形成される**素励起**（elementary excitation）や**準粒子**（quasiparticle）といった概念を用いて理解される．両者はほとんど同じ概念であるが，素励起の粒子的側面を強調したものが準粒子であり，また，準粒子を生成することを素励起と呼ぶと考えてもよい．

準粒子は大きく 2 種類に分類される．1 つは，系全体の粒子の数と無関係に準粒子が生成されるものである．系全体が基底状態からある励起状態に変化し，系全体のエネルギーが E，運動量が p だけ増加したとする．この時，エネルギー E，運動量 p の素励起（準粒子）が生成されたと考える．具体的には，結晶の格子の振動を基準振動に分離して量子化した**フォノン**（phonon）や，

結晶中の電荷の集団運動を量子化した**プラズモン**（plasmon），スピンの集団運動（スピン波）を量子化した**マグノン**（magnon）などがこれに相当する．準粒子の数は，基底状態ではゼロで，励起により1個，2個と増えていく．

他の1つは，準粒子の数が系全体の粒子数と関係するものである．これは，粒子間の相互作用により新しい粒子（準粒子）が生成される場合である．フェルミ準位近傍の電子は，電子間の相互作用を取り込んだ結果，あたかも自由電子のように振る舞っていると考えられている．この**ランダウのフェルミ液体**（Landau's Fermi liquid）は準粒子の一種である．電子がフォノンと相互作用して生成された準粒子は**ポーラロン**（polaron）と呼ばれ，イオン結晶の電気伝導を説明する．一部の金属が低温で示す超伝導状態では，2個の電子がフォノンの力を媒介としてクーパー対を形成し，**ボゴリューボフ準粒子**（Bogoliubov quasiparticle）を生成する．4fまたは5f電子を最外殻に持つランタノイドまたはアクチノイド原子を含む化合物においては，遍歴的なp電子と局在的なf電子が相互作用することで**重い伝導電子**（heavy fermion）が生成される．1次元的な反強磁性鎖結晶に正孔（ホール）を導入すると，電荷の自由度とスピンの自由度が分離（スピンと電荷の分離）し，新たに**ホロン**（holon），**スピノン**（spinon）と呼ばれる2種類の素励起（準粒子）が生成されることが知られている．

後述するように，これらの準粒子はフェルミ準位近傍のバンド分散の小さな異常（バンドの折れ曲がり，跳び，分裂など）として現れる．これまでの光電子分光では，バンド分散の大まかな構造そのものは決定できても，このようなフェルミ準位近傍の微細な変化を観測することができなかった．しかし，最近の光電子分光の高分解能化の進歩によって，これらの準粒子が直接観測できるようになってきている．

2 光電子分光の基礎

2.1 外部光電効果

光電子分光の物理現象としての基礎は**外部光電効果**（external photoelectric effect）である．紫外線からX線にわたる高いエネルギーを持つ光を物質に照射した場合，物質から電子（光電子）が放出される現象である．

外部光電効果はヘルツ（Hertz）により発見された[5]．ヘルツの実験（1887）は，図2.1のように，2個の誘導コイルA，Bをおき，1次コイルAの電極間

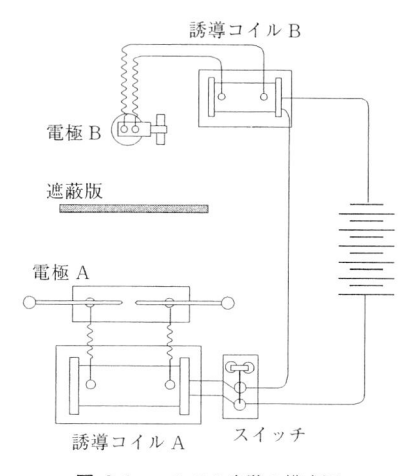

図 2.1 ヘルツの実験の模式図

で放電を起こさせ,隣にある2次コイルBの電極間に放電を誘導させた.これは,1次コイルAの電極放電により電磁波が発生し,それが空間を伝わって2次コイルBの電極に電気振動を誘導していることを示すもので,マックスウェル (Maxwell) の予言した電磁波の存在を示す実験として記録されている.さらに彼は,2つの誘電コイルの間に様々な物質を差し挟んで,放電の中止や継続を調べた.2次コイルBの電極間隔を放電が持続する最大間隔に保ち,2つのコイル間にガラスや金属板を挿入した場合はBの放電が止まり,水や水晶を挟んだ場合は放電がそのまま持続することを観測している.水や水晶は紫外線を通すが,ガラスや金属は通さない.この実験は,コイルAの放電により発生した紫外線がコイルBの電極を照射して外部光電効果を起こさせ,コイルBの放電を補助していたことを示している.つまりヘルツは,この実験から電磁波を発見したのみならず,外部光電効果をも観測していたことになる.後にアインシュタイン (Einstein) の「光量子仮説」(1905) により,外部光電効果は光(電磁波)の粒子的性質を反映した現象であることが明らかになるが,それより以前にヘルツは,電磁波の"波"と"粒子"という2面性を同時に発見していたことになる.

2.2 光電子放出過程

光電子放出は固体に限らず原子でも起きる.まず簡単な原子の場合について考えよう.図2.2に,原子に束縛されている電子のエネルギー準位の模式図を示す.原子核に束縛されている電子は離散的なエネルギー準位を形成しているが,エネルギーが高くなり,リードベルグ状態 $n=\infty$ を越えると電子は原子核からのポテンシャルを振り切って原子外に跳び出す.この $n=\infty$ のエネルギー位置を**真空準位** (vacuum level, E_0) という.今,エネルギー準位 E_i にいた電子をエネルギー $\hbar\omega$ の光で真空準位の上のエネルギー E_f に励起すると,その電子は運動エネルギー $E_K = E_f - E_0$ を持って原子外に放出される.放出された電子の運動エネルギー E_K を測定することで,真空準位から測った原子中における電子のエネルギー(**イオン化ポテンシャル**, ionization potential)

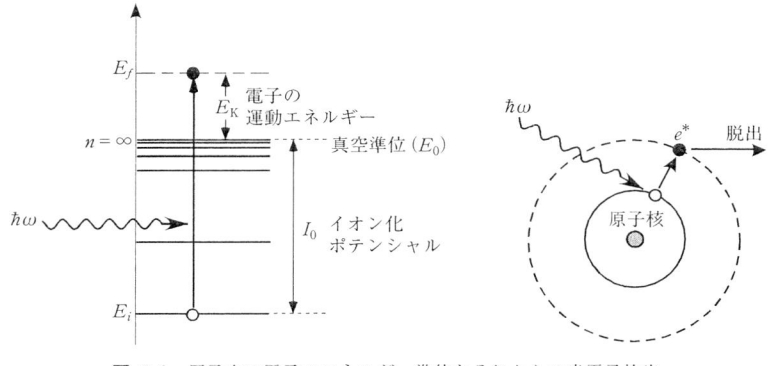

図 2.2 原子中の電子のエネルギー準位とそれからの光電子放出

$I_0 = E_0 - E_i = \hbar\omega - E_K$ を求めることができる．

　固体の場合は事情が複雑である．固体内で励起された電子は，原子の場合と異なり，固体外に脱出するには固体の表面にまで移動しなければならない．また，励起された電子の周りには多くの他の電子や原子核が存在している．固体からの光電子放出は以下の3つの過程に分けて考えるとわかりやすい（3ステップモデル）．

① 光による固体内での電子の励起（光励起過程）
② 励起された電子の表面への移送（移送過程）
③ 表面からの電子の脱出（脱出過程）

この様子を図2.3に示した．

　①の光励起過程は，固体内における光の吸収による電子の励起状態への遷移そのものである．したがって，そのエネルギー関係と遷移確率（I）は次のように書ける．

$$\hbar\omega = E_f - E_i \tag{2.1}$$

$$I \propto |\langle \phi_f | \mathbf{A} \cdot \mathbf{p} | \phi_i \rangle|^2 \tag{2.2}$$

ここで，E_i, E_f，および ϕ_i, ϕ_f は，それぞれ光励起過程の始状態と終状態のエネルギーおよび波動関数である．図2.3に示すように，フェルミ準位以下の電子が，励起光 $\hbar\omega$ のエネルギーを吸収して励起状態に上がる．

　励起された電子の一部は表面に向かって移動するが，その途中で他の電子と

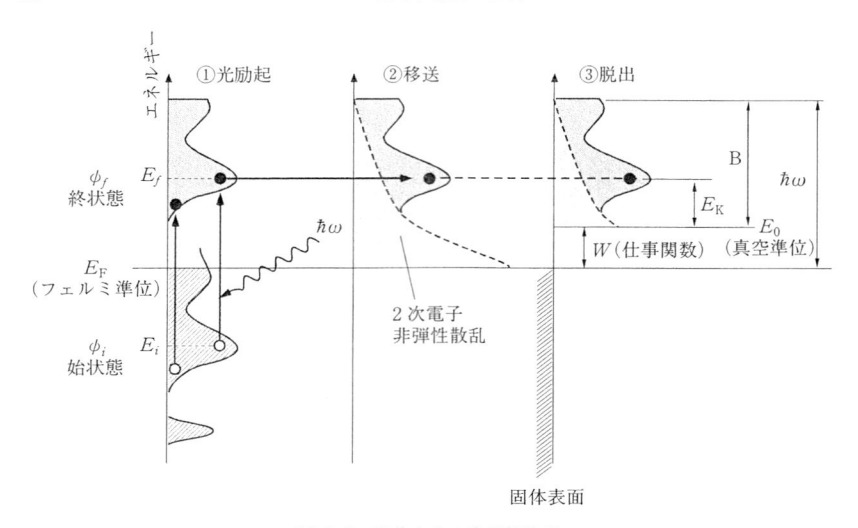

図 2.3　固体からの光電子放出
① 固体内部での光励起，② 表面への移送，③ 表面からの脱出

の衝突や原子核（格子）による散乱を受けてエネルギーを失う．この非弾性散乱によってエネルギーを失った電子を **2次電子**（secondary electron）と呼ぶが，2次電子は図2.3に示すように，励起電子集団の中の低エネルギー側になめらかな大きなバックグラウンドを形成することが知られている（厳密には，この2次電子もある種の構造を持つが，それについては後の「5.2　2次電子分光」の節で述べる）．問題となることは，この非弾性散乱過程で，励起された電子がエネルギーを失い，元々持っていた始状態（ϕ_i）の情報を失ってしまうのではないかということである．しかし，物質中で光により励起された電子のかなりの部分が，何らのエネルギーロスも受けずに物質外へ放出されていることが実験的にわかっている．それらは，図2.3に示すように，2次電子のなだらかなバックグラウンド上に，特徴的な構造を示す．とりわけ，高いエネルギーの部分は，2次電子のバックグラウンドの影響をほとんど受けていない．この理由は，光電子の表面からの**脱出深さ**（escape depth）が非常に浅いためであると考えられる．

　表面に達した励起電子は表面のポテンシャルに打ち勝って真空中に脱出す

る．この表面ポテンシャルを**仕事関数**（work function, W）と呼ぶ．仕事関数は物質のフェルミ準位（E_F）と真空準位（E_0）の間のエネルギー差であり，① 物質から無限遠に離れたところにいる電子のポテンシャルエネルギー，または ② 無限遠から電子を物質に限りなく近づけるためのエネルギー（仕事），と定義される．表面に達したものの，仕事関数のエネルギー障壁を越えられない電子はそこで反射され，物質外に出てくることができない．したがって，物質外に放出される光電子は，物質内での2次電子の低エネルギー側がカットされた分布となる．この電子の運動エネルギー分布を測定したものが光電子スペクトルである．物質外に放出された光電子の運動エネルギーを E_K とすると，エネルギー関係は次のようになる．

$$\hbar\omega = E_f - E_i = E_K + W + (E_F - E_i) = E_K + W + E_B \tag{2.3}$$

ここで，$E_B = E_F - E_i$ であり，固体中の電子のエネルギーをフェルミ準位から測ったもので，結合エネルギーと呼ばれる．式（2.3）からわかるように，光電子の運動エネルギーを測定すれば，仕事関数が既知だとすると，固体中の電子エネルギー（E_i または E_B）がわかることになる．仕事関数は，光電子分光を含む様々な方法で決定できる．最も簡単には，図2.3の ③ 脱出過程で示してあるように，金属を測定した場合についての光電子スペクトルのエネルギー幅（B）と仕事関数を足したものは励起光のエネルギーになること（$\hbar\omega = B + W$）から決定できる．

2.3　光電子放出の速度と深さ

図2.3で示した光電子の運動エネルギー分布（光電子スペクトル）が，なぜ**物質**の**基底状態**（ground state）の電子状態を反映できるのか考えてみよう．光電子分光は固体中の電子を無理に"励起"し，さらに励起された電子は固体中を"移動"して，ようやく表面から"放出"されているため，励起や移動により系全体が変化してしまっている可能性はないかということである．

光電子分光で用いる励起光は，紫外線（10 eV 程度）からX線（数千 eV）を用いる．この励起光による電子準位間の遷移の時間は 10^{-15} 秒程度と見積も

られる．また，10 から 1,000 eV 程度のエネルギーを持った光電子が物質の表面から飛び出してくる時間も，同様に 10^{-15} 秒程度と見積もられる．一方，結晶格子が運動する時間スケールは 10^{-12} 秒程度であるから，「光電子放出過程では格子（原子）は静止している」と考えてよい．これは，フランク-コンドン（Frank-Condon）原理，またはボルン-オッペンハイマー（Born-Oppenheimer）近似として確立されており，光電子放出過程において格子は静止しており，光電子励起やその輸送過程における格子の緩和は無視できることになる．これが，光電子スペクトルが基底状態について計算された電子構造計算結果（バンド構造など）と直接比較できる理由となる．しかし，**電子相関**（electronic correlation）の強い系においては，電子-電子相互作用の時間スケールは，光電子励起時間と同程度となりスペクトルが変調されるため，スペクトル解析には注意が必要となる．これについては後で詳しく説明する．

「光電子分光は表面に敏感な実験手段である」といわれる．どのくらい表面に敏感なのか，また，その理由を説明する．光電子を励起する紫外線や X 線は，表面から数 μm から数千 Å は入り込む．ところが，様々な実験から，紫外線で励起された数十 eV のエネルギーを持つ光電子は 5〜10 Å，また，X 線で励

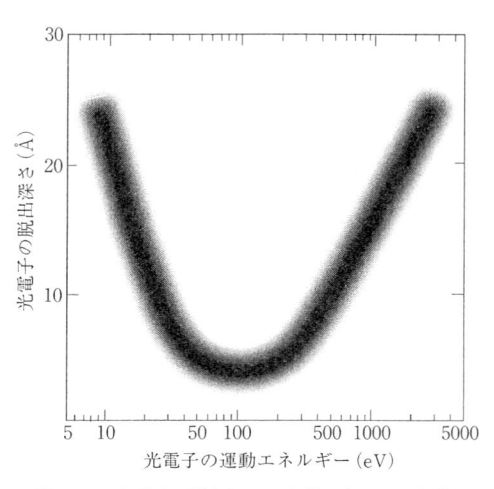

図 2.4 光電子の脱出深さの運動エネルギー依存性

起された 1,000 eV 程度のエネルギーを持つ光電子は数 10 Å の脱出深さしか持たないことがわかっている．図 2.4 は，様々な物質で測定された光電子の脱出深さをエネルギーの関数としてプロットしたものである[6]．図 2.4 からわかるように，エネルギーに関して U 字型のカーブを示し，50〜100 eV 付近で最小値 5 Å 程度を持つ．光電子が固体内部で励起されて表面まで移動してくる間に受けるエネルギーロスの最も大きなものは，バンド間遷移を伴う電子-電子散乱である．すなわち，励起された光電子が，価電子帯の電子をフェルミ準位以上の非占有状態に励起することによるエネルギーロスである．バンド間遷移のエネルギースケールは 10〜数十 eV 程度であることから，それと同程度のエネルギーを持つ光電子が最も散乱を受けやすくなる．したがって，低いエネルギーを持つ電子は，バンド間遷移励起を起こす確率が低いため，エネルギーを失うことなく長く移動できる．また，高いエネルギーを持つ光電子は，上述したように，電子-電子散乱の確率が徐々に減ると同時に，電子の速度が速いため長い距離を走ることができる．このような理由で，光電子脱出深さのエネルギー依存性は U 字型となる．最近では，固体のバルク電子状態をより強く観測しようという目的で，10 eV 以下の低エネルギー光や，5 keV 以上の高エネルギーの励起光を使う実験も行われるようになってきている．

2.4 光電子強度（光励起微分断面積）

光電子放出強度は，光電子放出の「3 ステップモデル」の主に第 1 の励起過程で決定される．固体内における光電子の励起確率は，式 (2.2) のように以下のように書ける．

$$I \propto |\langle \psi_f | \mathbf{A} \cdot \mathbf{p} | \psi_i \rangle|^2$$

したがって，I が最大値を持つと考えられるのは，$\nabla \psi_i$ と ψ_f が最もよく重なる，つまり，$\nabla \psi_i$ の空間的な広がりと光電子（ψ_f）のド・ブロイ波長が近い値を持つ時である（図 2.5）．つまり，ある電子の軌道を最も効率的に励起できる光のエネルギーがあり，それよりも大きくとも小さくとも励起確率が落ちることになる．各原子のそれぞれの原子軌道について，**光励起微分断面積**

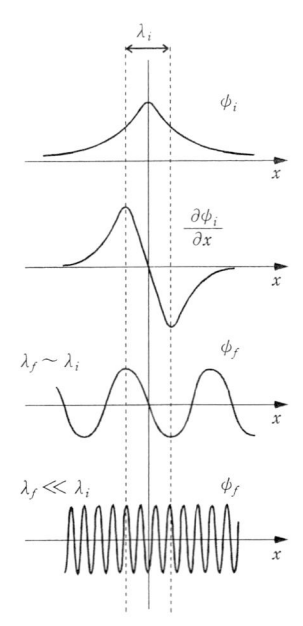

図 2.5 光電子の光励起確率の波長依存性を示す図
始状態の波動関数の広がりと終状態の光電子のド・ブロイ波長が近い値で大きくなる．

（photo-excitation cross-section）の計算が行われている[7]．一般的に，s や p 電子のような広がった原子軌道を持つ電子は低い励起光で断面積が大きく，d や f 電子のような波動関数に節（node）が多く局在性の強い電子に対しては，波長の短い高いエネルギーの光が励起確率は高い．ただし，それらの原子が固体（化合物など）を形成し，原子軌道が価電子帯を形成している場合は，原子軌道自身が変形を受けているため，単純な原子軌道についての微分断面積の計算結果は必ずしも適用できないことに注意が必要である．

2.5 光電子スペクトル（光電子スペクトル関数）

励起光 $\hbar\omega$ によって物質外に放出された光電子のエネルギー分布を**光電子スペクトル**（photoemission spectrum）と呼ぶが，それは実際何を表している

2.5 光電子スペクトル（光電子スペクトル関数）

のだろうか？

図 2.3 に模式的に示したように，光電子励起による格子の緩和や電子相関（電子–電子相互作用）を考えない場合，光電子スペクトルの形は始状態（ψ_i）と終状態（ψ_f）の**電子状態密度**（electron density of states）の積になっていると考えられる（ここでは簡単のため，前述した光励起確率や光励起断面積の因子は考えていない）．

$$N(E_f) \propto D(E_f) \cdot D(E_f - \hbar\omega) \tag{2.4}$$

ここで，$D(E)$ は電子状態密度である．フェルミ準位より，ある程度高い位置（経験的には 20 eV 以上）の状態密度はほぼ自由電子のそれと近く，$\sqrt{E}$ に比例するなめらかな関数であることが知られているため，狭い E_f の範囲では $D(E_f)$ はほぼ一定と見なせる．したがって，

$$N(E_f) \propto D(E_f - \hbar\omega) = D(E_i) \tag{2.5}$$

と近似され，光電子スペクトルは始状態，つまり価電子帯の構造（今の場合，状態密度）を与えることになる．後述する角度分解光電子分光では，運動量も指定できるので，光電子スペクトルは価電子帯のバンド構造を与えることがわかる．

以上の議論は，電子間の相互作用を無視した 1 電子近似内での議論であるが，電子相関が強く準粒子などが生成されている場合は，光電子スペクトルはどのような変調を受けるのだろうか？　次に，電子相関の強い多電子系の光電子スペクトルについて考察する[8]．

N 個の多電子系にホールまたは電子を付加した場合の，系の時間的，空間的発展を表すものが 1 粒子**グリーン関数**（Green's function）であり，次式のように書ける．式の第 1 項が光電子分光，第 2 項が逆光電子分光（後述）に対応する．

$$\begin{aligned} G(\boldsymbol{k}, \omega) = &\sum_f |\langle \psi_f^{N-1} | c_{\boldsymbol{k}} | \psi_i^N \rangle|^2 \left[\frac{\mathrm{P}}{\omega + E_f^{N-1} - E_i^N} - i\pi\delta(\omega + E_f^{N-1} - E_i^N) \right] \\ &+ \sum_f |\langle \psi_f^{N+1} | c_{\boldsymbol{k}}^+ | \psi_i^N \rangle|^2 \left[\frac{\mathrm{P}}{\omega - E_f^{N+1} + E_i^N} - i\pi\delta(\omega - E_f^{N+1} + E_i^N) \right] \end{aligned} \tag{2.6}$$

ここで，

P はコーシーの積分主値

ψ_i, ψ_f : 始状態（基底状態），終状態（励起状態）の波動関数

E_i, E_f : 始状態（基底状態），終状態（励起状態）の固有エネルギー

c_k, c_k^+ : 波数 $\boldsymbol{k}$ を持つブロッホ電子の消滅，生成演算子

である．

光電子スペクトルを表すスペクトル関数 $A(\boldsymbol{k}, \omega)$ は，$G(\boldsymbol{k}, \omega)$ を用いて以下のように書ける．

$$A(\boldsymbol{k}, \omega) = -\frac{1}{\pi} \mathrm{Im}\, G(\boldsymbol{k}, \omega) \qquad (2.7)$$

ここで，Im はそれに続く関数の虚数部をとることを示す．また後出するが Re は実部をとることを示す．

また，

$$A(\boldsymbol{k}, \omega) = A^+(\boldsymbol{k}, \omega) + A^-(\boldsymbol{k}, \omega) \qquad (2.8)$$

$$A^-(\boldsymbol{k}, \omega) = f(\omega) A(\boldsymbol{k}, \omega) \qquad \text{光電子スペクトル} \qquad (2.9)$$

$$A^+(\boldsymbol{k}, \omega) = [1 - f(\omega)] A(\boldsymbol{k}, \omega) \qquad \text{逆光電子スペクトル} \qquad (2.10)$$

$f(\omega)$ はフェルミ分布関数

である．

以上の関係式より，

$$A(\boldsymbol{k}, \omega) = \sum_f |\langle \psi_f^{N-1} | c_{\boldsymbol{k}} | \psi_i^N \rangle|^2 \delta(\omega + E_f^{N-1} - E_i^N) + \sum_f |\langle \psi_f^{N+1} | c_{\boldsymbol{k}}^+ | \psi_i^N \rangle|^2 \delta(\omega - E_f^{N+1} + E_i^N) \qquad (2.11)$$

電子間の相互作用を無視した 1 電子近似の場合は，

$$G(\boldsymbol{k}, \omega) = \frac{1}{\omega - \varepsilon_{\boldsymbol{k}}^0 + i0^+} \qquad (2.12)$$

となるので，

$$A(\boldsymbol{k}, \omega) = \delta(\omega - \varepsilon_{\boldsymbol{k}}^0) \qquad (2.13)$$

のデルタ関数となり，スペクトル関数は 1 電子状態密度を与える．ここで，$\varepsilon_{\boldsymbol{k}}^0$ はブロッホ状態の 1 電子波動関数のエネルギー（つまり電子の結合エネルギー）である．

相互作用がある場合は，裸の電子または正孔（ホール）に代わって，"相互

作用の衣を着た"電子,正孔(準粒子)が生成される.準粒子は有限の寿命を持ち,エネルギーも1電子のエネルギーからずれる.この場合,$G(\boldsymbol{k},\omega)$は,1電子近似からのずれを表す複素物理量である自己エネルギー $\Sigma(\boldsymbol{k},\omega)$ を用いて

$$G(\boldsymbol{k},\omega) = \frac{1}{\omega - \varepsilon_{\boldsymbol{k}}^0 - \Sigma(\boldsymbol{k},\omega)} \tag{2.14}$$

と表すことができる(ダイソン方程式).

したがって,スペクトル関数は

$$A(\boldsymbol{k},\omega) = \frac{1}{\pi} \frac{-\mathrm{Im}\,\Sigma(\boldsymbol{k},\omega)}{[\omega - \varepsilon_{\boldsymbol{k}}^0 - \mathrm{Re}\,\Sigma(\boldsymbol{k},\omega)]^2 + [\mathrm{Im}\,\Sigma(\boldsymbol{k},\omega)]^2} \tag{2.15}$$

と書き表せる.ここで,$\mathrm{Re}\,\Sigma$ と $\mathrm{Im}\,\Sigma$ は,因果律に従うので Kramers-Kronig の関係を満たす.$A(\boldsymbol{k},\omega)$ を $\boldsymbol{k}$ の関数としてプロットしたものが準粒子のエネルギー分散を与える.また,準粒子のピーク幅 ($2\,\mathrm{Im}\,\Sigma(\boldsymbol{k},\omega)$) は準粒子の寿命 τ に関係し,

$$\tau = |\mathrm{Im}\,\Sigma(\boldsymbol{k},\omega)|^{-1} \tag{2.16}$$

で与えられる.また,$\mathrm{Re}\,\Sigma(\boldsymbol{k},\omega)$ は相互作用によるエネルギーピーク位置のずれを表す.$A(\boldsymbol{k},\omega)$ には,図2.6のように,鋭い「コヒーレントピーク(準粒子ピーク)」と,その両脇にブロードな構造を持つインコヒーレント部分が形成される.

図2.7に,1電子近似によるバンド(1電子バンド)と相互作用を受けた結

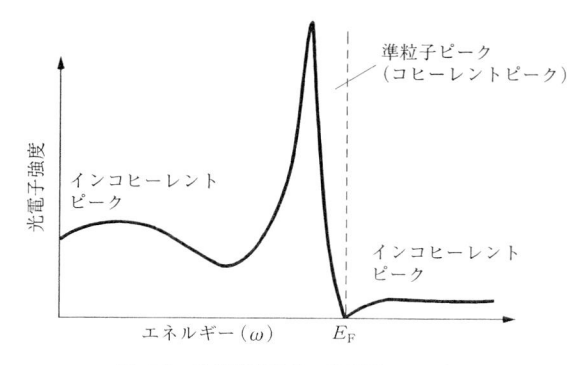

図 2.6 強相関電子系の光電子スペクトル

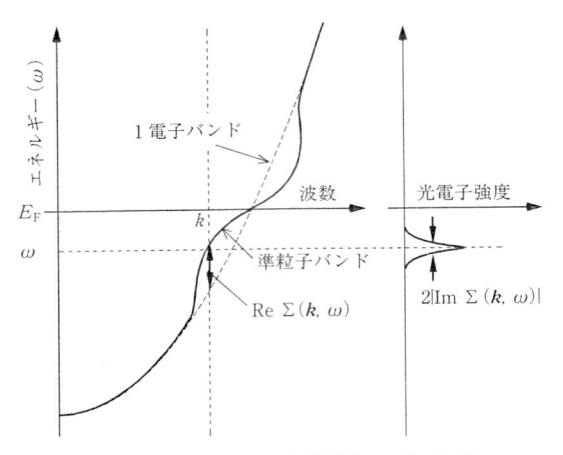

図 2.7 1電子バンドと準粒子バンドの比較
準粒子バンドには1電子バンドからの特徴的なずれ（キンク構造）が現れる．自己エネルギーの実部は1電子バンドからのずれとして，虚部は光電子スペクトルの幅として現れる．

果形成された準粒子バンドの関係の模式図を示す．自己エネルギーの実部 $\mathrm{Re}\,\Sigma(\boldsymbol{k},\omega)$ は，1電子バンドからのずれとして現れ，また虚部 $\mathrm{Im}\,\Sigma(\boldsymbol{k},\omega)$ は光電子スペクトルの幅として現れる．第6章で説明するように，これらの準粒子バンドの特徴は，最近の光電子分光の高分解能化により観測が可能となっている．

2.6 2種類の光電子スペクトル（EDCとMDC）

図2.8に示すように，ある波数（$\boldsymbol{k}$）とエネルギー（ω）範囲に数本（図2.8では2本）のバンドがあるとする．このバンド構造について，波数を固定して光電子のエネルギー分布を測定したもの $A_{\boldsymbol{k}}(\omega)$ を EDC（Energy Distribution Curve）と呼ぶ．普通，光電子スペクトルといっているものはこの EDC のことである．一方，エネルギーを固定して光電子の波数（運動量）分布を測定したもの $A_{\omega}(\boldsymbol{k})$ は，MDC（Momentum Distribution Curve）と呼ばれる．これまでのほとんどの光電子分光研究は EDC を測定し，それを解析することで行

2.6 2種類の光電子スペクトル（EDCとMDC）

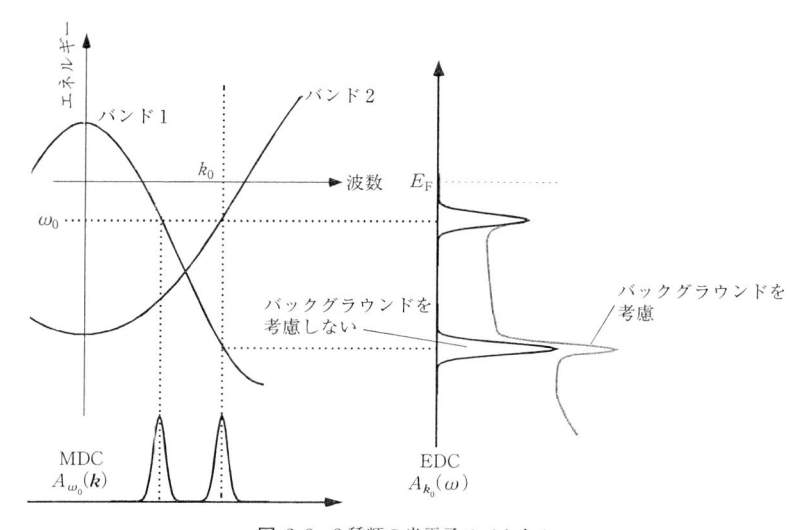

図 2.8 2種類の光電子スペクトル
EDC（Energy Distribution Curve）とMDC（Momentum Distribution Curve）.

われてきた．しかし最近，MDC の持つメリットに注目して，MDC を用いた解析が盛んに行われている．式（2.16）からわかるように，準粒子の寿命 τ は EDC スペクトルの幅（$2\,\mathrm{Im}\,\Sigma(\boldsymbol{k},\omega)$）の逆数から求められる．しかし，EDC には 2 次電子からのバックグラウンドが重なってきて，EDC のピーク幅の正確な決定が困難な場合が多い．一方 MDC は，同じエネルギーでの測定のため，2 次電子によるバックグラウンドはどの波数でもほぼ同じで，ピークの幅をより正確に決定できる利点がある．この MDC の幅（Δ_k）は準粒子の平均自由行程（$l=1/\Delta_k$）を与えるが，これにバンドの傾き（v_k）を掛けることで EDC の幅に換算できる．

$$\hbar\Delta_\omega = \hbar\Delta_k \cdot v_k = 2|\mathrm{Im}\,\Sigma(\boldsymbol{k},\omega)| = \frac{2}{\tau} \tag{2.17}$$

つまり，MDC ピークの幅にバンドの傾きを掛けたものの逆数が，準粒子の寿命を与えることになる．また，傾きの遅いバンドの解析には EDC が，傾きの急なバンドの解析には MDC が有効であることは，それぞれの光電子スペクトルの特徴から明らかである．

3 光電子分光の装置と技術

3.1 測定装置概要

　光電子分光装置は大きく分けて，① 光電子を励起する光源，② 真空中に放出された光電子の運動エネルギーを測定するエネルギー分析器，③ 測定試料をマウントして超高真空下で温度や位置を変化させることのできる試料マニピュレーター，および，④ それらを収める超高真空槽，から構成される．

　図 3.1 に従来型の光電子分光装置の概要図を示す．測定真空槽外部の光源（図では放電管）で生成された単色光を超高真空の測定槽に導入する．この際，励起光は真空紫外から軟 X 線領域であるので真空に対して"窓"を作ることができない．したがって，特に放電管を使用する場合は，放電管内の圧力（1 Torr 程度）と測定真空槽内の真空（10^{-11} Torr 程度）の間に急峻な真空度の勾配を作る必要がある．このために，大規模な差動排気系が必要となる．超高真空の測定槽内に導かれた励起光は試料表面にあたり，外部光電効果を起こさせて光電子を真空中に放出させる．この光電子のエネルギーを，電子エネルギー分析器（詳細は後述）を用いて測定する．電子の検出には，分析器最後段にあるチャンネルトロン（固体電子増倍管）を用いる．電子エネルギー分析器は，試料の周りで動かす（回転）ことが可能で，光電子の試料表面からの放出角度依存性を測定できる．試料は試料マニピュレーターに固定され，xyz 軸方向の移動や回転が可能であり，また冷媒やヒーターを用いての温度調節ができる．放出される光電子は数 eV の運動エネルギーしか持っていないため，地磁気

3.1 測定装置概要

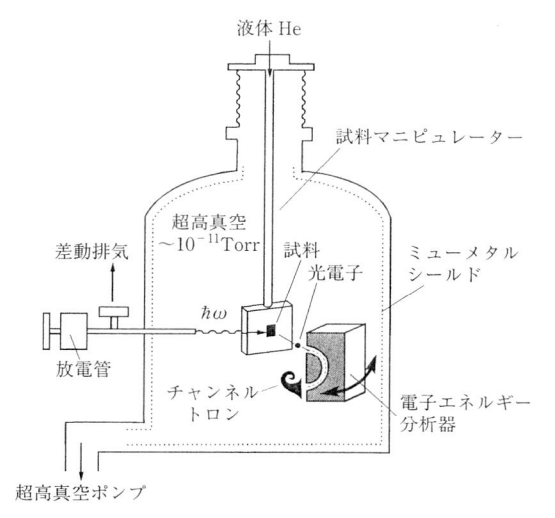

図 3.1 従来型の光電子分光装置
電子エネルギー分析器が測定真空槽内にあり試料の周りで回転する.

（500 mG 程度）により簡単に運動方向を曲げられてしまう．地磁気の侵入を防ぐために，真空槽それ自身を高い透磁率を持つ金属（ミューメタル：Ni (77 %)，Fe (15 %)，Cu，Mo の合金）で作成するか，真空槽内壁に 1 mm 厚程度のミューメタルシールドを張り付ける．精密な測定を行うためには測定槽内の磁場は数 mG 以下に抑える必要がある．前述したように (2.3 節)，光電子は試料表面のせいぜい 10 Å 程度の深さからしか出てこない．このため，試料表面の劣化（酸化，表面吸着）を抑えるため，測定真空槽内の真空度は 10^{-10} Torr 以下に保つことが必要である．このために，イオンポンプやターボ分子ポンプ，さらにクライオポンプなどを用いた大規模な真空排気系が必要となる．

図 3.2 に，高分解能を目指した光電子分光装置の模式図を示す．従来型と大きく異なる点は，電子エネルギー分析器が測定槽とは別の真空槽に納められて固定（回転できない）されていることである．この理由は，後述するように，エネルギー分解能を上げるためには分析器本体のサイズを大きくする必要があるためと，チャンネルトロンの代わりに 2 次元計測を可能とするマルチチャンネルプレート（MCP）と CCD カメラを用いた電子エネルギー分析器の開発に

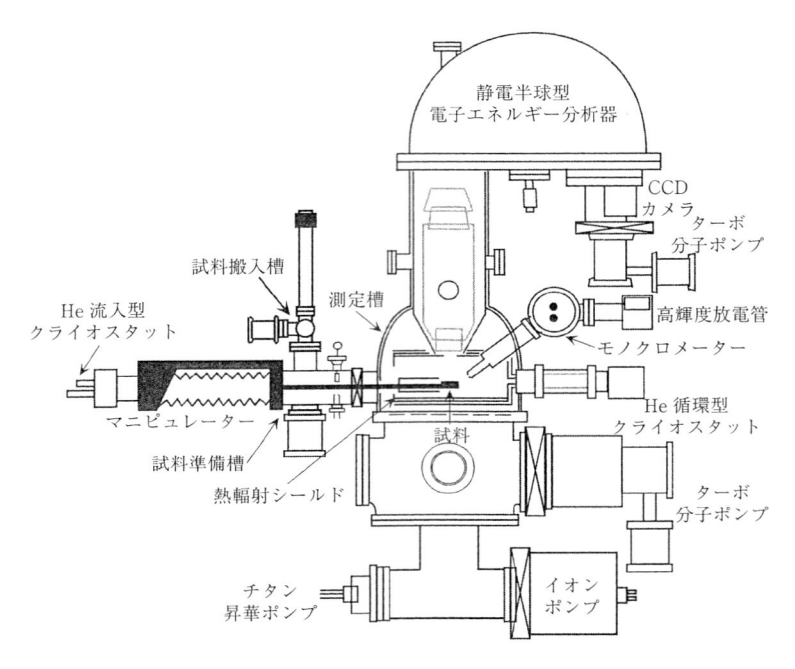

図 3.2 高分解能光電子分光装置
電子エネルギー分析器が測定真空槽外にあり固定されている.

より，有限（10°〜40°）の角度に放出された光電子を同時に検出することが可能になり，分析器自身を動かす必要性が低減したためである．これにより，測定槽自身も小さくなり，外部磁場の侵入を防ぎやすくなっている．また，試料温度による実効分解能の低下（室温で 100 meV 程度）を抑えるため，液体ヘリウムと多重の熱シールドにより，試料温度を 4 K 程度まで冷却できるようになっている．

3.2 光　　　源

光電子を励起するためには，真空紫外線から X 線の光源が必要となる．表 3.1 に，光電子分光でよく用いられる X 線光源とそのエネルギーを示す．X

線は図 3.3 に示すような X 線管を用いて，電子線衝撃による金属からの制動輻射中の輝線を用いる．通常よく用いられているのは，MgKα および AlKα 線であり，図 3.3 の X 線管はその両方が発生できるもの（2 極管）である．X 線の半値幅は，いずれも 1 eV 程度であり，内核準位や価電子帯の大まかな構造を得るのに使われるが，フェルミ準位近傍の精密な測定には向かない．

　実験室系の真空紫外線発生装置の代表的なものが放電管である．これは，図 3.4 に示すように，希ガス（ヘリウム，アルゴンなど）を低圧で放電させ，希ガス原子または希ガスイオンと電子の衝突の際に発光する輝線を用いるものである．表 3.2 に，光電子分光で用いられる希ガス放電管からの光のエネルギー

表 3.1　光電子分光で通常用いられる X 線光源のエネルギー

光　源	エネルギー（eV）
Na Kα	1,041.0
Mg Kα	1,253.6
Al Kα	1,486.6
Cr Kα	5,415
Cu Kα	8,048
Mo Kα	17,479.3
Ag Kα	22,162.9

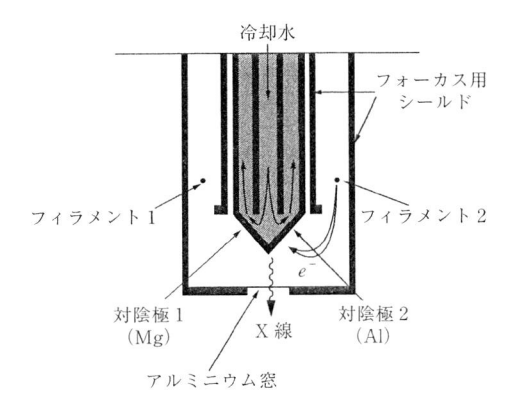

図 3.3　X 線光電子分光で用いられる X 線管（2 極管）

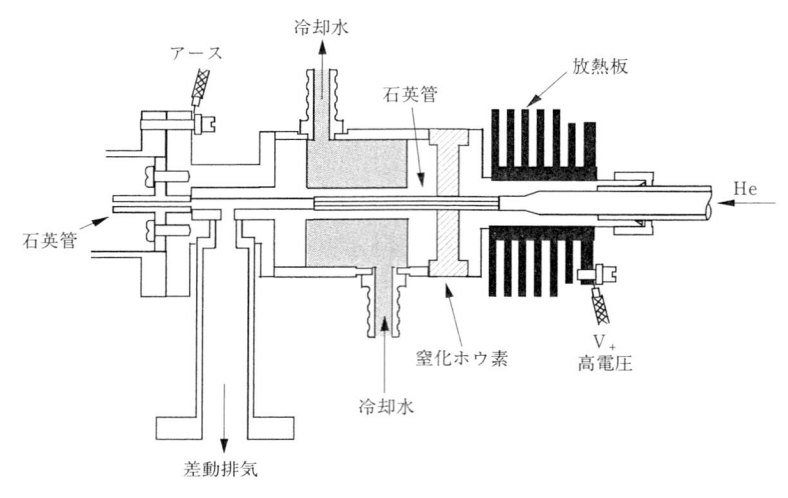

図 3.4 真空紫外線を発生させる希ガス放電管

表3.2 希ガス放電管から発生する真空紫外線のエネルギー

光源	エネルギー (eV)
He Iα	21.218
Iβ	23.087
Ne Iα	16.67
Iβ	16.85
Ar Iα	11.62
Iβ	11.83
Kr Iα	10.03
Iβ	10.64
Xe Iα	8.44
Iβ	9.57
He IIα	40.814
IIβ	48.372

を示す．He Iα はヘリウム原子の $2p_{1/2} \rightarrow 1s$ 遷移に伴う発光で，He Iβ は始状態 $2p_{3/2}$ に対応する．また，He IIα は，ヘリウムイオン（He^{+1}）の $2p_{1/2} \rightarrow 1s$ 遷移に伴う発光である．図 3.4 に示すような従来型の直流型放電管の場合，励起光の半値幅は数 meV となる．希ガスの発光の自然幅は 1 meV 以下と考えら

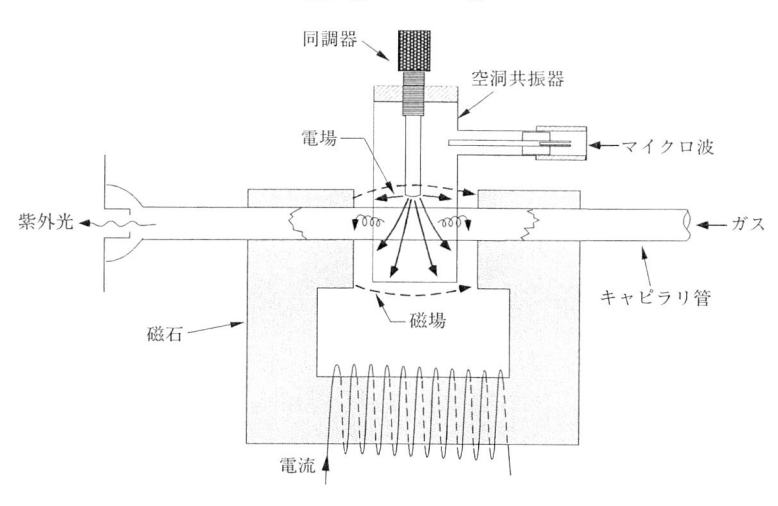

図 3.5 マイクロ波励起希ガスプラズマ放電管

れるから，直流型放電管からの発光の幅の広がりは，希ガス原子（イオン）の放電管内における熱運動から来る"ドップラー広がり"と，放電管内のガス圧が高い（1 Torr 程度）ことによる"自己吸収"によるものである．図 3.5 は，これらの欠点を改良して，高分解能かつ高輝度を達成したマイクロ波励起型ヘリウムプラズマ放電管の模式図である[9]．ヘリウムガスを流入させた放電管内に 10 GHz 程度のマイクロ波を導入し，同時に外部より強力な磁場を印加する．これにより，放電管内の電子はマイクロ波で加速されながらサイクロトロン運動（軌道半径：数 mm）を行う．図 3.4 の直流型放電管における電子の走行距離（陰極-陽極間距離）は高々数 cm であるが，サイクロトロン運動を行っている電子のそれは桁違いに長くなる．これによって，放電管内での電子と希ガス原子（イオン）の衝突確率は桁違いに増加し，発光強度も大幅に増大する．また同時に，放電管内のガス圧を下げることができるので，自己吸収による発光幅の広がりも少なくなる．このヘリウムプラズマ放電管の発光強度は従来型の直流放電管に比べ約 100 倍であり，その半値幅は 1 meV 程度に減少する．

さらに最近，重希ガスであるキセノン（Xe）を発光させるキセノンプラズマ放電管が開発された[10]．ヘリウムの代わりにキセノンを用いる利点は，①

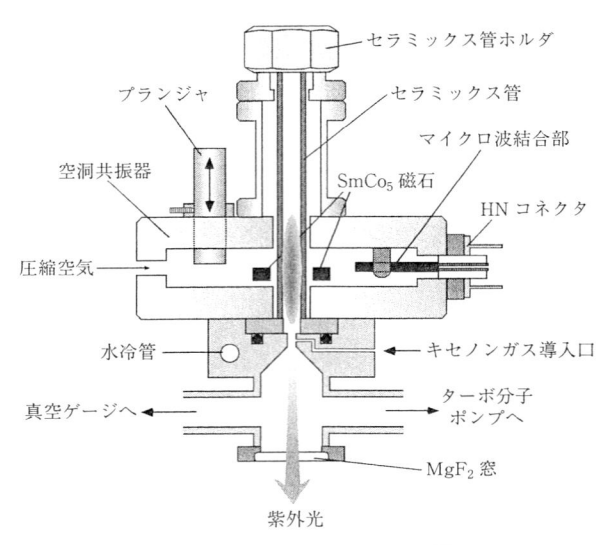

図 3.6 キセノンプラズマ放電管[10]

キセノンはヘリウムに比べはるかに重い原子であるため,発光の半値幅を規定しているドップラー広がりを 1/10 以下に抑えることができることと,② キセノン原子からの発光は 10 eV 周辺に分布しているため,図 2.4 の光電子の脱出深さとエネルギーの関係からわかるように,光電子の脱出深さを大きくすることができ,よりバルク敏感な測定ができることにある.その一方,ヘリウムのような軽い希ガスでは問題とならなかった,重希ガスイオンによる発光部分の浸食(スパッタリング)やオーバーヒートとその結果である破壊という問題がある.以下に説明する新型マイクロ波励起キセノン放電管では,これらの問題点をうまく解決している.

図 3.6 に,開発されたキセノンプラズマ放電管の模式図を示す.この放電管では,セラミックス管内に流入したキセノンガスを,マグネトロンで生成した周波数 2.45 GHz,出力 500 W のマイクロ波を用いて電離/発光させる.同軸ケーブルで伝送されたマイクロ波は,空洞共振器によって TM_{010} モードの共振電磁場に変換されてキセノンガスを励起する.空洞内の共振周波数は,マイクロ波の 2.45 GHz と同じになるよう,共振器に取り付けたプランジャで調整

する．TM$_{010}$モードの電場ベクトルは軸方向のみの成分を持ち，その強度はセラミックス管が配置された中心軸上で最大値を持つ．このマイクロ波共振電場によって管内の電子は上下方向の加速を受けるが，ここでさらに，図3.6に示すようにSmCo$_5$磁石で横方向に強力な磁場を加え，管内電子をサイクロトロン運動させる．従来の直流型放電管では電子の走行距離は対電極間の数cmのみであるが，サイクロトロン運動させることで電子の走行距離は飛躍的に伸び，管内のキセノン原子／イオンとの衝突確率は桁違いに上昇する．これによりキセノンプラズマ放電管は従来型の直流放電管に比べて低いガス圧を保ちながら高密度のプラズマを発生し維持することができ，飛躍的に増大した発光強度を得ることが可能となっている．一方で，キセノン放電管の内部は，プラズマ放電の浸食作用によって絶えず浸食を受け続けるので，放電部にはプラズマ浸食に耐性のある材料を用いることが必要となる．そのため，キセノンプラズマ放電管では，プラズマの浸食に強いと考えられるセラミックス管が用いられている．しかし，セラミックスは熱伝導率が低いため放電による発熱を冷却するのが容易でないという欠点があるため，強力な空気冷却機構が取り入れられている．

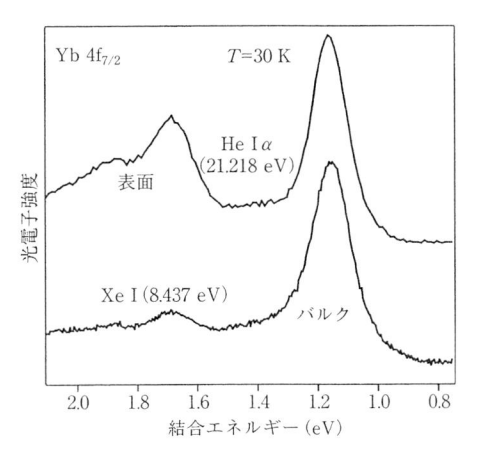

図3.7 ヘリウム放電管とキセノンプラズマ放電管を用いて測定したイッテルビウム（Yb）の光電子スペクトルの比較[10]

キセノン放電管のバルク敏感性を示すため，バルクと大きく異なる表面電子状態を形成することで知られる金属イッテルビウム（Yb）の実験について紹介する．図 3.7 にキセノンプラズマ放電管（Xe I：8.437 eV）を用いて測定した Yb4f 電子状態の光電子スペクトルを示す．比較のため，同一実験条件で測定したヘリウム放電管（He Iα：21.218 eV）の実験結果も示す．ヘリウム放電管のスペクトルを見てみると，1.2 eV に単一のピーク構造が観測されており，さらに高結合エネルギーの 1.6～2.0 eV の範囲にいくつかのピークが重なり合っている構造がある．前者はバルク Yb4f 電子軌道の S=7/2 終状態に，後者は表面において配位数が少なくなるなどの理由で形成される Yb4f 電子軌道の表面電子状態に帰属される．ヘリウム放電管の実験結果では表面電子構造の強度がバルクと同程度であり，光電子スペクトルに表面電子状態が強く反映されていることを示している．一方，キセノンプラズマ放電管で測定した光電子スペクトルでは，この表面電子状態の強度がバルクに比べ大幅に減少している．このことは，キセノンプラズマ放電管の 8.437 eV 励起光が非常に高いバルク敏感性を有していることを示している．今後，キセノン以外の重希ガスプラズマ放電管の開発が進むものと期待される．

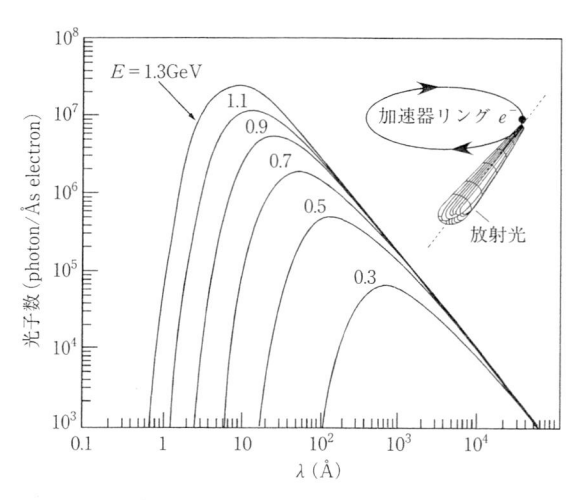

図 3.8　放射光の発光分布と電子の加速電圧（E）の関係

以上の実験室光源（X線管，放電管）は，いずれも単色光源であるが，近年は，連続光源である**放射光**（synchrotron radiation）を分光して用いることも盛んに行われている．放射光は，電子などの荷電粒子を光速に近い速度で円運動させた時，その接線方向に放射する連続光のことである．図3.8に示すように，電子の加速電圧（速度）が大きいほど，高いエネルギーの光が放射される．放射光の大きな特徴は，上述した ① 連続光であること，に加えて，② 偏光性が強いこと，③ パルス的であること，があげられる．連続光であることは，分光器を使用することにより，発光範囲内の任意のエネルギーの光を取り出せることであり，光電子分光実験における励起光依存性の実験を可能にする．また放射光は，電子の軌道面内では直線偏光で，軌道からはずれてくると楕円偏光となる．この偏光依存性の実験は，光励起の際の選択則を利用した電子軌道の特定に有効である．現時点ではまだそれほど行われていないが，パルス性を用いることで，固体内の緩和過程を観測することができる．放射光を発生させるには素粒子実験で用いられるような大型の加速器が必要となるが，すでに世界各地に多くの放射光専用の加速器が建設され稼働している．

　最近は，励起光源としてレーザーを用いる試みも行われている[11]．Nd：YVO$_4$ レーザーや Ti：saphire レーザーの3～4倍の高調波を発生させ，固体の仕事関数（4～5 eV）を越える6～7 eVの光を用いるものである．レーザー光は発生原理に基づく非常に狭い半値幅を持ち，高エネルギー分解能の測定には有利である．また，光の直進性が高いため，試料上での光スポットが小さくなり，微小サイズの試料も測定できる．しかし，光電子励起時の光強度が強すぎるため，試料自身を破壊したり，放出された多数の光電子同士が相互作用し（空間電荷効果），正確なエネルギー測定が妨げられることがある．これを避けるために，励起光の強度を落とすことや，準連続発振のレーザー光を用いることが行われている．また，エネルギー自身が低いため，価電子帯全体を測定できず，さらに，角度分解測定でバンド分散を測定する際，ブリルアンゾーンの境界周辺部が測定できない場合がある（この理由については，4.3節で説明する角度分解光電子分光の原理を参照）．また，低い励起光のため，励起された光電子の終状態が自由電子と近似できず，光電子スペクトルが終状態の

影響を大きく受け，解析が複雑になる場合もあることに注意しなければならない．

3.3 エネルギー分析器

真空中に放出された光電子の運動エネルギーを測定する手段としては，電場または磁場を使うことが考えられる．磁場は，原子核実験で用いられるβ線スペクトロメーターのように，高いエネルギーを持つ電子の計測には向いているが，光電子分光で扱う比較的低いエネルギーを持つ電子の計測には電場が用いられる．図3.9に，これまで開発された電場を用いたいくつかの**電子エネルギー分析器**（electron energy analyzer）を示す[12]．いずれも，2枚の電極の間に静電場を印加し，その間に光電子を通して，収束条件を満足したある一定の運動エネルギーを持った電子のみを出口で検出するものである．最近の多くの光電子分光装置は，図3.9（a）の静電半球型電子エネルギー分析器を装着している．半球型分析器は，大小2個の"おわん"を重ねた構造をしており，内

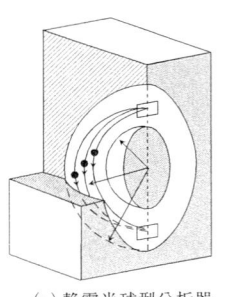

(a) 静電半球型分析器 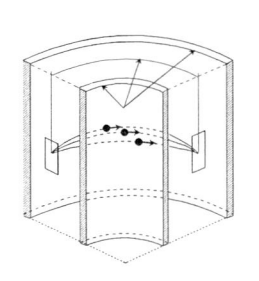　　(b) 共軸円筒型分析器

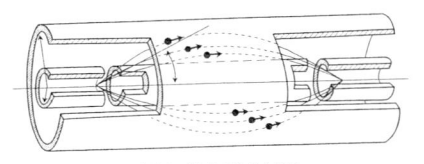

(c) 円筒鏡型分析器

図 3.9　電場を用いた様々な電子エネルギー分析器

3.3 エネルギー分析器

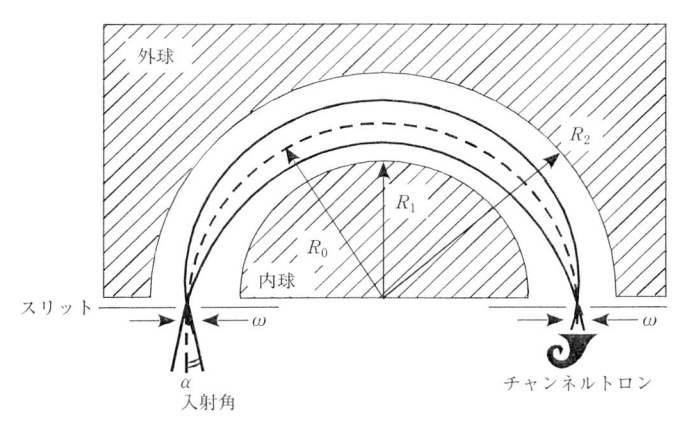

図 3.10 静電半球型電子エネルギー分析器における電子の軌跡

側を内球，外側を外球と呼ぶ．内球（半径 R_1）と外球（半径 R_2）の間に一定の電位を印加し，内球と外球の間の隙間に入射スリットから電子を入射する．この時，内外球間の印加電圧によって決められるある一定の運動エネルギーを持った電子は，入射スリットへの入射角（α）が小さければ，入射角に無関係に出射スリット上に収束すること（1次の収束）が計算から確かめられる（図3.10）．したがって，内外球に印加する電圧を掃引するか，印加電圧を一定にして入射スリットの手前で光電子を減速または加速することで，光電子のエネルギー分析が可能となる．

静電半球型分析器の理論分解能（Full-Width-at-Half-Maximum）は以下の式で与えられる．

$$\text{分解能 (FWHM)} = \frac{\omega}{2R_0} E_0 \tag{3.1}$$

ここで，ω：入射スリット幅，R_0：平均内径 $=(R_1+R_2)/2$，E_0：通過電子のエネルギー，である．この式からわかるように，分解能を上げるためには，球の半径を大きくするか，スリット幅を小さくすることが必要となる．最近の高分解能装置のエネルギー分析器が，図3.2のように測定真空槽から外に出ているのは，分析器の半径を大きくとった結果である．また，スリット幅を小さくすることは，光電子の計数率を落とすことになるので限界がある．さらに，式

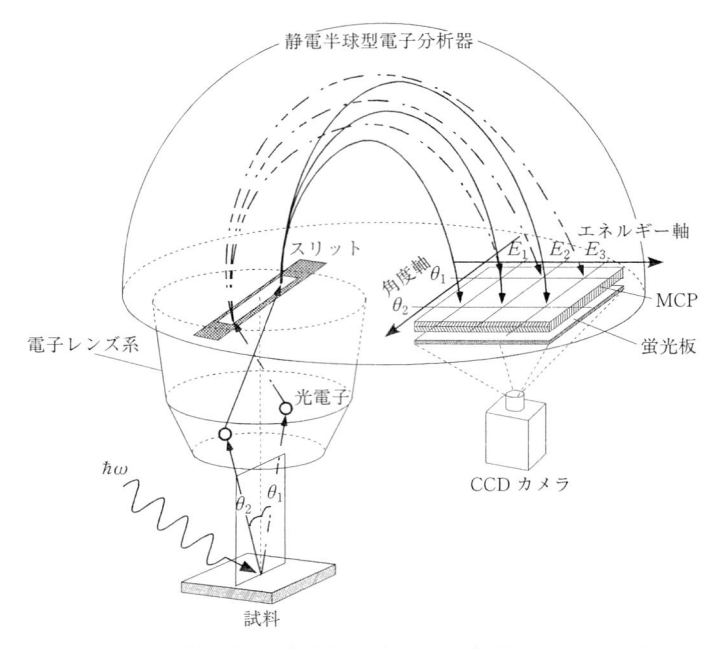

図 3.11 2次元検出静電半球型電子エネルギー分析器における電子の軌跡

(3.1) からわかるように，通過電子のエネルギーを下げることも分解能向上につながるが，E_0 を下げることは計数率を下げることになり（$\sqrt{E_0}$ に比例して減少する），限界がある．

最近の静電半球型エネルギー分析器は，従来のチャンネルトロンを用いた"1点計測"（ある角度に放出された，あるエネルギーを持った電子のみを計測）から，マルチチャンネルプレート（MCP）と CCD カメラを用いた"2次元計測"へと進化している．図 3.11 に示すようにこの方式を用いると，試料から放出された光電子のエネルギーと角度を，ある一定の範囲内で同時に計測することができる．この 2 次元計測の採用により，計数率が飛躍的（100 倍以上）に向上し，また角度分解測定の際にエネルギー分析器や試料を回転する必要が減少した．図 3.2 に示すような固定された大きなエネルギー分析器を用いても角度分解測定が可能となった理由はここにある．

3.4 運動量の測定

真空中に放出された光電子の運動エネルギー（E）と運動量（$\bm{p}=(p_x, p_y, p_z)=\hbar(K_x, K_y, K_z)$，$K$ は波数）の関係は，$E=|\bm{p}|^2/2m$ であるから，運動量は $|\bm{p}|=\hbar|\bm{K}|=\sqrt{2mE}$ と与えられる．しかし，運動量の各成分は，空間の軸（方向）を指定しないと決まらない．いま，光電子放出を起こす結晶表面を xy 面にとり，光電子は xz 平面内に結晶表面法線（z 軸）から θ の角度で放出されるとする（図 3.12）．ここで，光電子の運動量を結晶表面に平行な成分（$\hbar K_{//}$）と垂直な成分（$\hbar K_\perp$）に分離する．すると，$\bm{p}=\hbar(K_x, K_y, K_z)=\hbar(-K_{//}, 0, K_\perp)$ となり，光電子の運動エネルギーを用いると，

$$\hbar K_{//} = \sqrt{2mE}\sin\theta \tag{3.2}$$

$$\hbar K_\perp = \sqrt{2mE}\cos\theta \tag{3.3}$$

と書き表せる．つまり，光電子の放出角度を測定することで，その運動量の 3 成分を決定できることになる．

しかしここで考えなければならないことは，真空中に放出された光電子の運動量が，固体中にいた光電子の運動量と等しいかということである．図 3.13 に示すように，光電子は固体から真空中に脱出する際に表面ポテンシャルの影響を受けて屈折する．このため，運動量は固体内外で保存しないことになる．

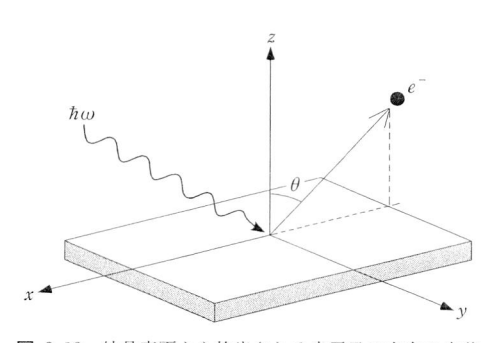

図 3.12 結晶表面から放出される光電子の方向の定義

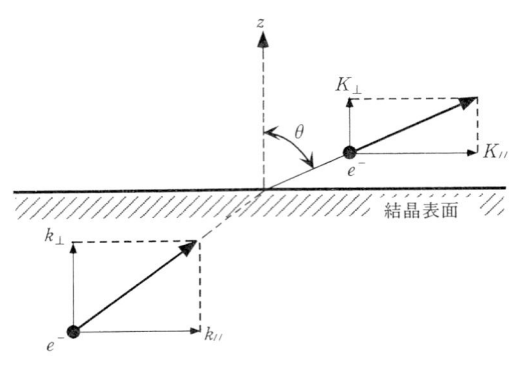

図 3.13 光電子の結晶表面における屈折
運動量の結晶表面平行成分は保存する．

しかし重要なことは，運動量の結晶表面に平行な成分は，結晶表面方向に並進対称性が存在するため保存することである．つまり，$K_{//}=k_{//}$, $K_\perp \neq k_\perp$ であり，光電子の結晶表面からの放出角度を測定することで，光電子の固体内での運動量の結晶表面平行成分を決定できることになる．このことが，後述するように，角度分解光電子分光から結晶固体の2次元バンド分散を実験的に決定できる基本原理となっている．また，光電子の固体内における運動量の結晶表面に垂直な成分も，表面でのポテンシャル差を考慮すると決定できる（4.3節の角度分解光電子分光の項を参照）．

3.5 スピン検出器

電子の持つ基本物理量として，エネルギー，運動量の他に**スピン**（spin）がある．電子スピンの存在を初めて実験的に確認した Stern-Gerlach の実験は，Ag の原子線を勾配のある磁場中を通過させ，Ag の 4s 電子の持つ電子スピンの向きによる磁気モーメントの違いを利用して，スピンを分別したものである．しかしこの方法は，Ag 原子に比べはるかに軽い質量しか持たない電子には，現実的には不向きであり，現在広く使われているスピン検出器は，電子散乱の際の**スピン-軌道相互作用**（spin-orbit interaction）を利用する．スピン-軌道

3.5 スピン検出器

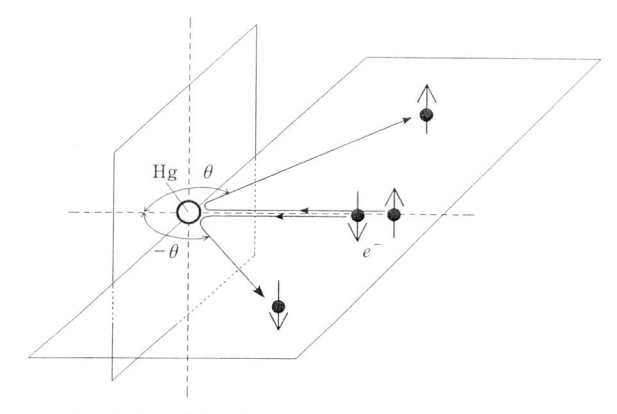

図 3.14 重原子（この場合 Hg）に対するスピン上または下を持つ電子の散乱

相互作用は相対論的効果から重い原子ほど大きくなるため，金（Au）やタングステン（W）などの重い原子が用いられる．

これまで開発されたスピン-軌道相互作用を利用した電子スピン検出器には以下のようなものがある．

(1) Au 薄膜からの高速電子線散乱（モット検出器）
(2) Au 薄膜の低エネルギー電子散乱や吸収
(3) W 結晶表面からの低速電子線回折（LEED 検出器）

この中で現在最も多く用いられているものが，スピン偏極度の絶対値を測定できる**モット検出器**（Mott detector）である[13]．

図 3.14 に示すような実験配置で，重原子に対する電子の微分散乱断面積の角度依存性（$\sigma(\theta)$）を測定すると，散乱面の法線方向に対する電子スピンの向き（$\sigma_\uparrow(\theta), \sigma_\downarrow(\theta)$）に依存して，スピン-軌道相互作用の違いにより，ある角度で，上下スピンの間で微分散乱断面積に大きな違いが現れる．図 3.15 に，Hg（水銀）原子について，300 eV の運動エネルギーを持つ電子を衝突させた場合の微分散乱断面積のスピンによる違いの計算結果を示す[13]．図下段には，以下の式で定義される**非対称性パラメータ** $A(\theta)$（asymmetric parameter，シャーマン（Sherman）関数ともいう）を示した．

$$A(\theta) = \frac{\sigma_\uparrow(\theta) - \sigma_\downarrow(\theta)}{\sigma_\uparrow(\theta) + \sigma_\downarrow(\theta)} \tag{3.4}$$

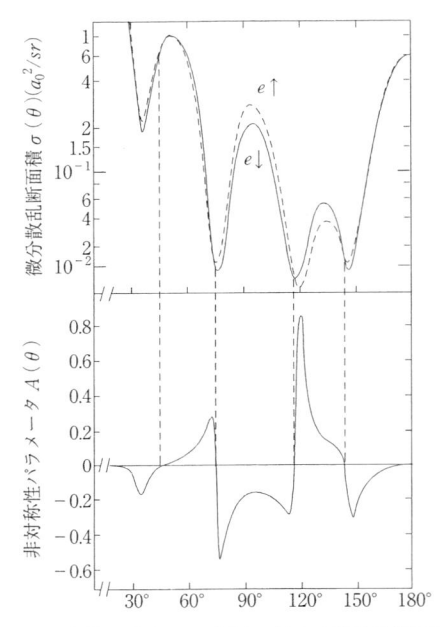

図 3.15 300 eV のエネルギーを持つ電子の Hg 原子に対する微分散乱断面積のスピンおよび散乱角依存性と,それから求めた非対称性パラメータ[13]

　図からわかるように,$\theta_0 = 70°$,$120°$付近で非対称性パラメータの値が大きい.また,式の定義から,$A(\theta) = A(-\theta)$である.このことは,up スピンを持つ電子は主に θ_0 付近に,down スピンを持つ電子は $-\theta_0$ 付近に散乱されることを意味している.したがって,重原子標的に対してある特定の散乱角について 2 個の電子検出器を配置することで電子スピンの検出が可能となる.

　実際のモット検出器は,ターゲットに金薄膜を用いる.この理由は,固体は原子密度が大きく散乱強度を上げられるからである.しかし,固体であるため,周囲の原子からの多重散乱の影響を受けて散乱角度が乱されてしまう.これを避けるために,非常に薄い薄膜を用いると同時に,入射電子線のエネルギーを高く設定(〜100 keV)している.この高電圧設定のため,装置は非常に大きくなってしまう欠点があった.最近は,図 3.16 に示すような比較的低エネルギー(〜30 keV)を用いる小型モット検出器も開発されている.2 個の電子検

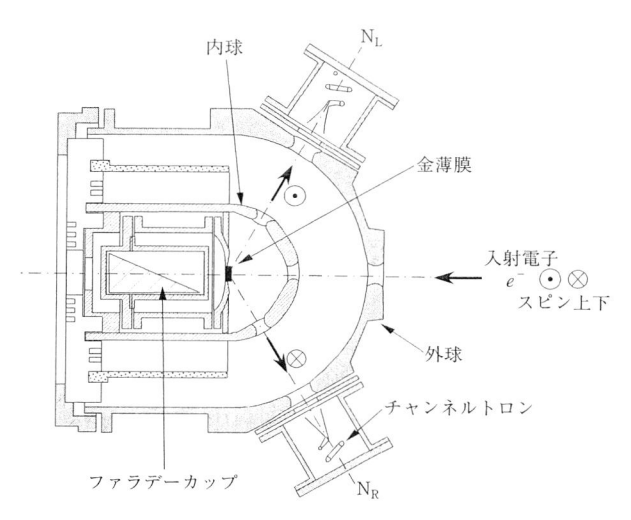

図 3.16 小型モット検出器

出器の計数 (N_L, N_R) の差,$\alpha = (N_L - N_R/N_L + N_R)$ を測定し,計算された非対称性パラメータ $A(\theta)$ から,入射電子のスピン偏極度 P は,$P = \alpha/A$ と求められる.

3.6 試　　　料

　光電子分光は試料の表面に非常に敏感な測定法であるため,清浄試料表面の作成には細心の注意が必要である.以下に,通常用いられている清浄試料表面作成の方法を説明する.
(1) 真空蒸着などによる薄膜
　光電子分光装置の真空槽内部で,蒸着やスパッター法で試料薄膜を作成する.この方法は簡便ではあるが,作成された薄膜はほとんどの場合,多結晶または非晶質であり,光電子分光では角度積分測定に対応する電子状態密度の情報のみが得られ,バンド分散を決定することはできない.また,蒸着の際に組成がずれてしまうという危険がある.

（2）単結晶劈開

　測定槽内で単結晶試料を「折ったり」「横から叩いたり」して劈開し，単結晶表面を作成する．劈開面は鏡面となり，バンド分散を決定する角度分解測定の際に用いられる．

（3）単結晶破断

　(2)の劈開と同様な方法を用いるが，結晶の3次元性が高く劈開しにくい試料に適用される．表面は鏡面ではなく，様々な方向を向いた結晶面が現れているが，清浄であるため，角度積分測定が行える．

（4）表面ヤスリがけ

　真空槽内においた試料の表面をヤスリなどでこすり，表面の酸化物などを剥ぎ落とす．(3)と同様に表面は単結晶表面でなくなるため角度積分測定のみが可能である．何回も削って測定できる利点はあるが，削り粉などが表面に付着するため，表面清浄度は(3)の破断に比べ落ちる．

（5）表面スパッタリング

　アルゴンイオンなどを用いた試料表面のスパッタリングにより，表面の（汚染）原子を剥ぎ取る．通常，スパッタリングは表面の原子構造を乱すので，その後に試料温度を上げ（アニーリング）て，表面原子の再配置を行う．単原子物質には向いているが，化合物の場合，表面の組成や構造を変えてしまう危険がある．

4 様々な光電子分光

4.1 角度積分光電子分光

　試料表面から放出された光電子を，すべての立体角（2π）について足し合わせて（積分して）エネルギー分析する方法が角度積分光電子分光である．具体的なやり方としては次の2種類がある．① 単結晶表面からの光電子を，実際にかなり大きな角度について積分する．前述したように，単結晶表面から放出される光電子は，放出角に対応する運動量の情報を持つ．この運動量が測定試料のブリルアンゾーン全体をカバーするだけの角度以上について積分する．20 eV 程度の紫外線を用いる場合は，これは 20～30°となり，1 keV 程度の X 線では 3～4°程度である．他の方法は，② 多結晶試料や，ヤスリで削ったり破断した単結晶試料表面を用いる場合である．この場合，試料表面には非常に多くの結晶面が露出していることになり，有限の大きさの試料表面において，ある1方向に放出された光電子はブリルアンゾーンのあらゆる点に対応する運動量を持つと考えられる．したがって，その光電子を測定することは，ブリルアンゾーン全体について積分したことと同等となる．結晶の周期性のないアモルファス物質もこの場合に準ずる．この角度積分測定においては運動量の情報は失われ，電子状態密度についての情報が得られる．「2.5　光電子スペクトル」の節で述べたように，角度積分光電子スペクトルは，大まかには始状態（価電子帯）の電子状態密度を与える．

　図 4.1 に GeTe 蒸着膜の角度積分光電子スペクトルの温度変化を測定した結

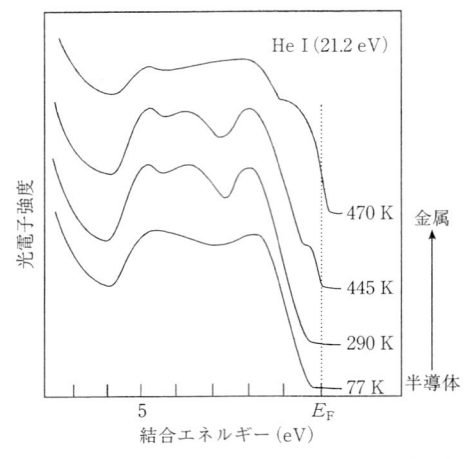

図 4.1 GeTe 低温蒸着膜の光電子スペクトルの温度依存性[14]

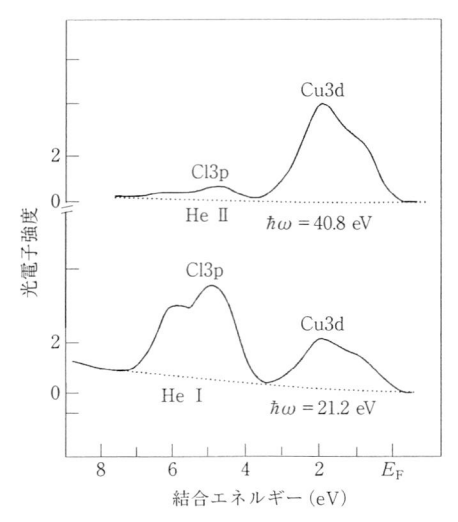

図 4.2 2種類の励起光 (He I, He II) で測定した CuCl の光電子スペクトル[15]

果を示す[14]．角度積分といっても上述した理由（アモルファスおよび多結晶）により，比較的狭い立体角で測定したスペクトルである．GeTe は低温基板上に蒸着するとアモルファスとなり，温度をあげると結晶化することが知られて

表 4.1 Cu3d と Cl3p 原子軌道の He I と He II 励起光による光励起断面積（Mb）の比較

励起光＼原子軌道	Cu3d	Cl3p
He II (40.8 eV)	9.9	0.64
He I (21.2 eV)	7.5	13.8

いる．図からわかるように，低温（77 K）では，フェルミ準位上にギャップが開き半導体であるが，高温（470 K）まで温度を上げアニールすると，ギャップが閉じフェルミ準位上に状態密度が現れて金属となっていることがわかる．これは，アモルファス状態では，Ge 原子と Te 原子の結合の自由度が高く，半導体的な共有結合をとり半導体となるのに対し，結晶化した場合，それぞれの原子の配位数がいずれも 3 となって原子間で電荷の移動が起き，その結果金属化するためと説明される．

角度積分光電子スペクトルはこのように基本的には価電子帯の状態密度を与えるが，原子軌道の光励起断面積の影響を受ける．逆にこれを利用して測定された電子バンドの帰属を行うことができる．図 4.2 に CuCl について，2 種類の励起光（He I：21.2 eV, He II：40.8 eV）で測定した価電子帯の角度積分光電子スペクトルを示す[15]．表 4.1 に示すように，Cu3d 軌道と Cl3p 軌道では，He I と He II の光励起断面積の相対強度が逆転する．このことを考慮すると，図 4.2 中に示したように，光電子スペクトル中のフェルミ準位に近いバンドが Cu3d に，深いバンドが Cl3p 準位に帰属される．

4.2 共鳴光電子分光

前述の CuCl のように，各原子軌道から形成されるバンドがよく分離されている場合は，光励起断面積の違いを利用して観測されたバンドの帰属を行うことができる．しかし，多くの場合 1 つのバンドはいくつかの原子軌道から構成されており，さらに，それぞれの原子軌道の光励起断面積の相対比が，都合よく大きく変化することは希であり，光励起断面積の違いだけではバンドの帰属

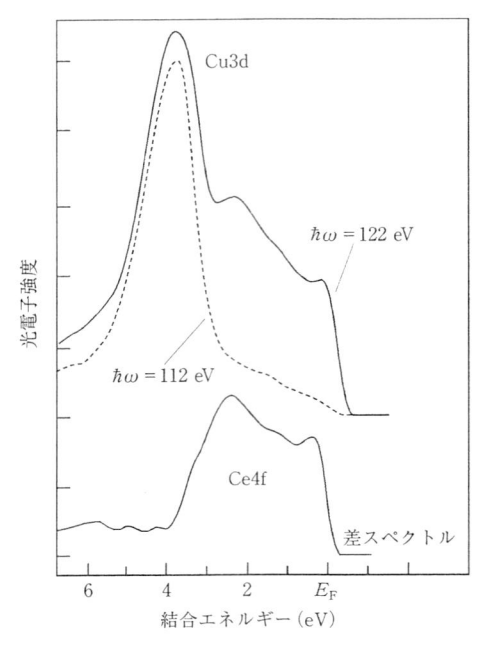

図 4.3 CeCu$_2$Si$_2$ の 3d-4f 吸収端（約 122 eV）の上下における励起光を用いた光電子スペクトル[16]

が困難な場合が多い．価電子帯における各原子軌道の寄与をより効率よく簡便に観測する方法が**共鳴光電子分光**（resonant photoemission spectroscopy）である．図 4.3 に，CeCu$_2$Si$_2$ について，励起光 112 eV と 122 eV で測定した価電子帯（角度積分）光電子スペクトルを示す[16]．112 eV と 122 eV で，光電子スペクトルの形状が大きく異なっていることがわかる．両者のエネルギーで，Cu3d および Ce4f 軌道とも，その光励起断面積は 10 % 程度変化するだけで，その相対強度はほとんど変化しない．したがってこのスペクトル変化は CuCl で示したような光励起断面積の違いでは説明できない．それでは何が原因しているのか？ 122 eV はちょうど 4d 電子を 4f 軌道に励起するのに必要なエネルギーに対応している．

図 4.4 に示したような電子構造を持つ金属を考える．ここで，価電子帯の一部が f 軌道から構成され，その f 軌道は完全には埋まっていないとする．つま

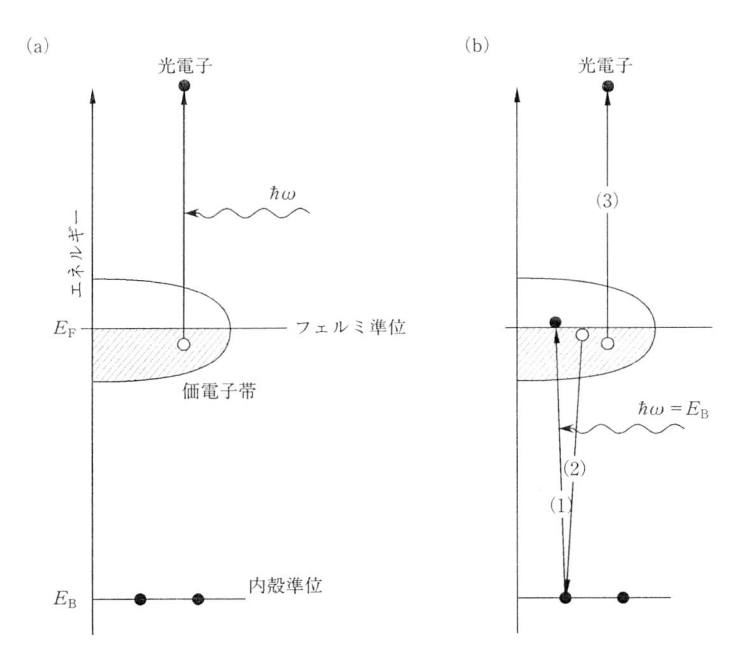

図 4.4 共鳴光電子放出過程の説明図
(a) の直接過程と (b) の super Coster-Kronig 過程が共鳴する.

り，f 軌道から構成される電子状態がフェルミ準位をまたいで存在している場合を考える．図 4.4 (a) は，この f 電子を励起光 $\hbar\omega$ で直接励起する場合であり，

$$\mathrm{f}^n \xrightarrow{\hbar\omega} \mathrm{f}^{n-1} + 光電子$$

と書ける．励起光のエネルギーを変化させて，そのエネルギーが，ある内殻準位（ここでは，d 軌道）とフェルミ準位のエネルギー差に一致した場合，① 内殻準位の電子がフェルミ準位直上の f 準位に励起され（図 4.4 (b) の (1)），② フェルミ準位直下の f 電子が空いた d 準位へ遷移し（図 4.4 (b) の (2)），③ この時放出されるエネルギー ($\hbar\omega$) をもらってフェルミ準位上の f 電子が放出される（図 4.4 (b) の (3)）super Coster-Kronig 過程が起きる．

$$\mathrm{f}^n \xrightarrow{\hbar\omega} \underline{\mathrm{d}}\mathrm{f}^{n+1} \longrightarrow \mathrm{f}^n \longrightarrow \mathrm{f}^{n-1} + 光電子$$

ここでdとは，d軌道から電子が1個抜けた状態を表す．この(a)と(b)の2つの過程の終状態は同じであり区別できず，この2つの過程が共鳴し，放出する光電子強度が増大する．これが共鳴光電子分光であり，励起光のエネルギーを変化できる放射光を用いる．図4.3に示したわずかな励起光のエネルギーの違いによる光電子スペクトルの大きな変化は4d-4f共鳴によるものであり，2つのスペクトルの差（差スペクトル）が，$CeCu_2Si_2$の価電子帯におけるCe4f電子の存在分布を表している．

共鳴光電子分光で注意すべきことは，① 価電子帯中の調べたい軌道が完全には埋まっていないことと，② 価電子帯中の軌道と内殻準位の軌道が光遷移の選択則（$\Delta l=1$）を満たしていることである．

4.3 角度分解光電子分光

4.3.1 角度分解光電子分光の原理

角度分解光電子分光（Angle-Resolved Photoemission Spectroscopy, ARPES）は，光電子分光の中で最も洗練された方法であり，結晶のバンド構造やフェルミ面を実験的に描き出すことができる．図4.5に示すように，単結晶表面から放出される光電子を，結晶表面法線からの角度（θ：polar angle）と結晶表面内の角度（ϕ：azimuthal angle）の関数として，そのエネルギー分析を行うも

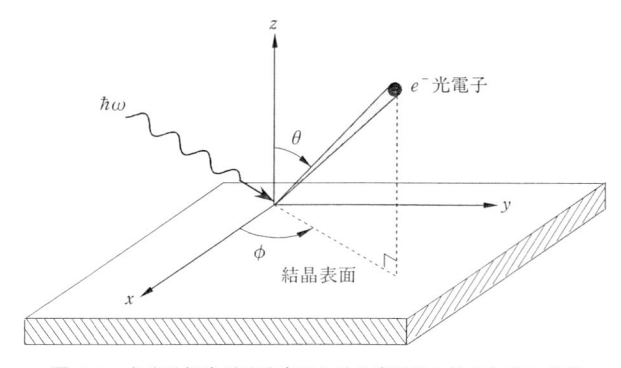

図 4.5 角度分解光電子分光における光電子の放出角度の定義

4.3 角度分解光電子分光   53

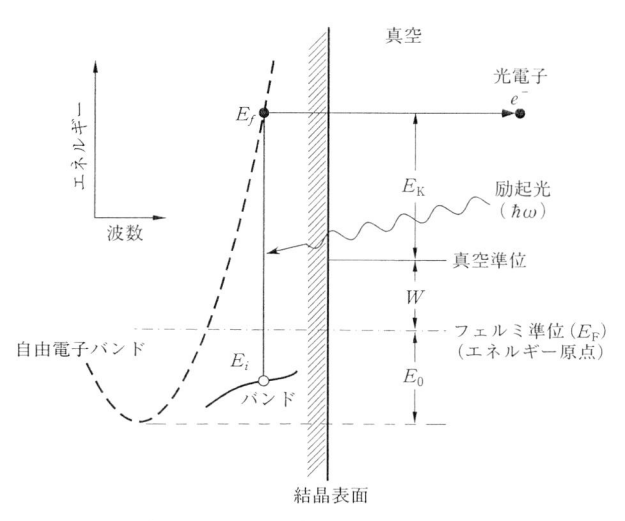

図 4.6 角度分解光電子分光の際のエネルギー保存の関係

のである．前述した角度積分測定が，試料1個に対して1本のスペクトルを測定するのに対し，ARPES は試料1個に対し数百本ものスペクトルを測定する必要がある．しかし，それだけ多くの情報が得られる．

図 4.6 に，ARPES 測定の際のエネルギー保存関係を示す．

(1) エネルギー $\hbar\omega$ を持った励起光で，結晶内のバンド上にいる電子は，始状態 (E_i) から終状態 (E_f) へ励起される．

$$\hbar\omega = E_f - E_i \tag{4.1}$$

(2) 結晶内で光励起された電子の終状態を自由電子と仮定し，その自由電子エネルギー分散のエネルギーの底とフェルミ準位 E_F のエネルギー差を E_0 とする．さらに，結晶内において励起された電子の波数の結晶表面に平行および垂直成分を $k_{/\!/}$ と $k_\perp$ とする．すると終状態のエネルギーは以下のように書ける．

$$E_f = \frac{\hbar^2(k_{/\!/}^2 + k_\perp^2)}{2m} - E_0 \tag{4.2}$$

(3) また，結晶の外に放出された光電子の運動エネルギーを E_K とすると，

$$E_f = E_K + W \tag{4.3}$$

と書ける．ここで，W は物質の仕事関数である．

一方，運動量については，以下のような関係がある．

(4) 結晶外に放出された光電子の運動量の，結晶表面と平行および垂直成分は以下のように書ける．

$$\hbar K_{//} = \sqrt{2mE_K} \sin\theta \tag{4.4}$$

$$\hbar K_{\perp} = \sqrt{2mE_K} \cos\theta \tag{4.5}$$

ここで，θ は光電子放出の極角（polar angle）である．

(5) また，光電子が結晶表面から脱出する際には，「3.4 運動量の測定」の節で説明したように，表面平行方向に並進対称性が存在していることから運動量の表面平行成分が保存される（図 3.13 参照）．これが，ARPES では最も重要な仮定である．

$$k_{//} = K_{//} \tag{4.6}$$

以上の (1)〜(5) を用いると，次のように，結晶内の始状態のエネルギーと運動量の関係が導かれる．

$$\hbar k_{//} = \sqrt{2m(E_i + \hbar\omega - W)} \sin\theta \tag{4.7}$$

$$\hbar k_{\perp} = \sqrt{2m[(E_i + \hbar\omega - W)\cos^2\theta + V_0]} \tag{4.8}$$

ここで，$V_0 = E_0 + W$ であり，内部ポテンシャル（inner potential）と呼ばれる．この2式から，E_i と $(k_{//}, k_{\perp})$ の関係，つまり結晶のバンド分散を描き出すことができる．ただし，V_0 は未定なので，実験の際はフィッティングパラメーターとして取り扱う．V_0 の具体的な決定方法については以下で述べる．

4.3.2 バンド分散の決定

a. 層状物質の場合

上述したように（式 (4.7)），結晶表面より放出される光電子の角度（θ）とエネルギー（E_K）を測定することで，結晶内の電子エネルギーバンドを結晶表面に平行な運動量の関数として実験的に描き出すことができる．その模式図を図 4.7 に示した．この方法は，測定する結晶が2次元性の高い層状物質で，

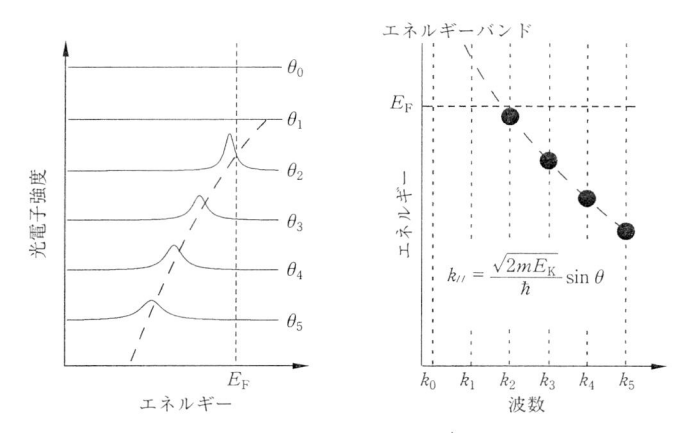

図 4.7 角度分解光電子スペクトルよりバンド分散を描き出す方法

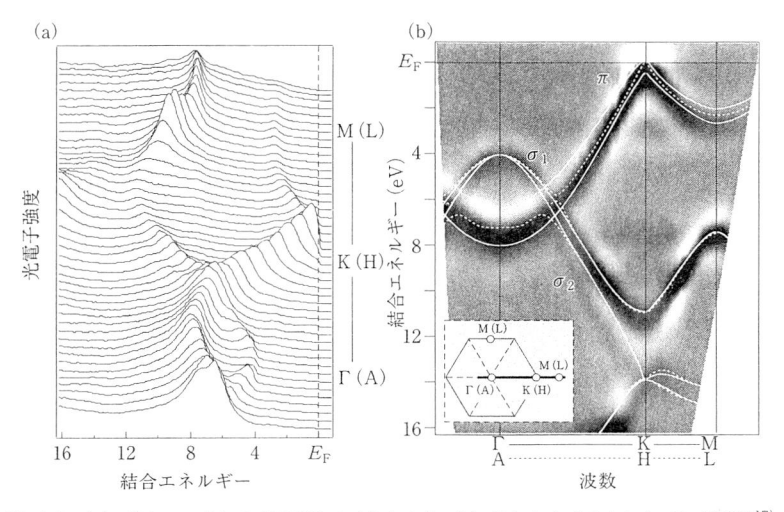

図 4.8 (a) グラファイトの ARPES スペクトルと (b) それから求められたバンド構造[17]

層間のエネルギー分散が無視できるほど小さい場合には非常に有効となる．放出された光電子の $k_\perp$ がどのような値であれ，そのバンド分散は $k_{//}$ でのみ規定されているため，$k_\perp$ の値を気にする必要がないためである．

図 4.8 に，典型的な層状物質であるグラファイトの角度分解光電子スペクト

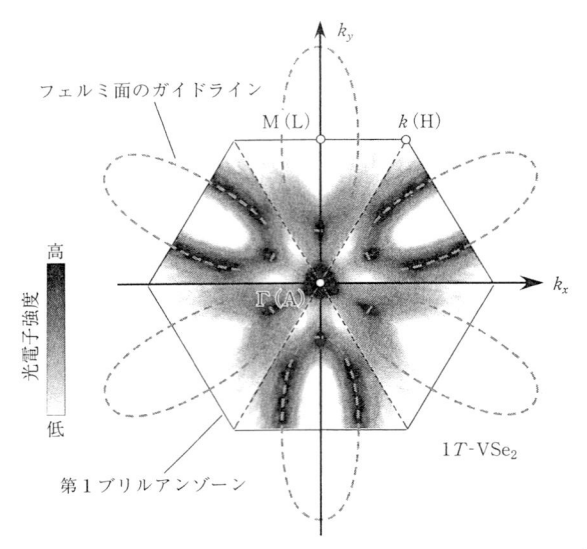

図 4.9 ARPES から求められた層状化合物 $1T\text{-VSe}_2$ のフェルミ面[18]

ルと，それから描き出したバンド分散を示す[17]．グラファイトの面内に伸びた σ バンドと層間方向に伸びた π バンドがはっきりと観測され，π バンドがブリルアンゾーンの K 点でフェルミ準位に到達して，グラファイトの半金属的性質を与えていることがわかる．比較のためにバンド計算の結果も示した（白い実線と破線）．両者はよく一致しており，実験的にバンド分散が正確に描き出されていることを示している．

角度分解光電子スペクトルをブリルアンゾーン全体にわたって測定し，そのフェルミ準位上の強度を波数（運動量）の関数としてプロットすると，2 次元的フェルミ面が得られる．図 4.9 に，層状物質 $1T\text{-VSe}_2$ についての結果を示す[18]．実験的にフェルミ面がはっきりと描き出されていることがわかる．

b. 3 次元物質の場合

3 次元物質の場合は，光電子分光で測定している結晶面に垂直方向にもエネルギー分散を持つので事情はややこしくなる．つまり，式 (4.7) で $k_{//}$ を変えるために角度を変化させると，式 (4.8) より，同時に $k_\perp$ まで変わり，さらに V_0 の値が必ずしも既知でないため，$k_\perp$ のどこを見ているかわからない

こととなる．しかし，光電子放出過程の特殊な事情から，3次元物質の電子バンド構造を実験的に決定できる場合もある．

前述したように，光電子の表面からの脱出深さはせいぜい数原子層である．この厚さの空間に閉じこめられた電子は，**不確定性原理**（uncertainty principle, $\Delta x \Delta p \geq \hbar$）より，表面に垂直方向の運動量に"ぼけ"を生ずる．いま，使用する励起光のエネルギーを角度分解光電子分光でよく使われる20〜40 eV程度とすると，電子の脱出深さは図2.4より約5 Åであり，不確定性原理より表面垂直方向の波数 $k_\perp$ は 0.2 Å^{-1} 程度広がってしまうことになる．さらに，光電子励起過程の終状態（E_f）に電子状態が存在しない場合（band-gap caseと呼ぶ）[19]，この光電子と繋がる結晶外の波動関数は結晶内部では減衰波（evanescent wave）となって結晶内部へ深くは入り込めず（図4.10），光電子の有効脱出深さはますます（1/2〜1/3）浅くなる．その結果，$k_\perp$ の不確定性関係による"ぼけ"はさらに大きくなり（$\Delta k \sim 0.5$ Å^{-1}），ブリルアンゾーン中の $k_\perp$ すべてを見てしまうこととなる．つまり，結晶表面からの放出角度（θ）

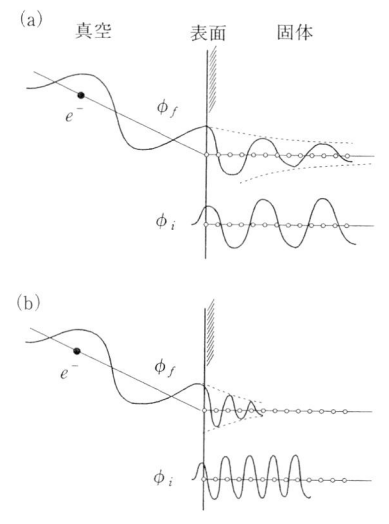

図 4.10 光電子の垂直励起（$\Delta k=0$）過程に（a）終状態が存在する場合（bulk case）と（b）存在しない場合（band-gap case）における，始状態（ϕ_i）と終状態（ϕ_f）の波動関数
Band-gap case では，（ϕ_f）は減衰波となり固体内部に深くは入り込めない．

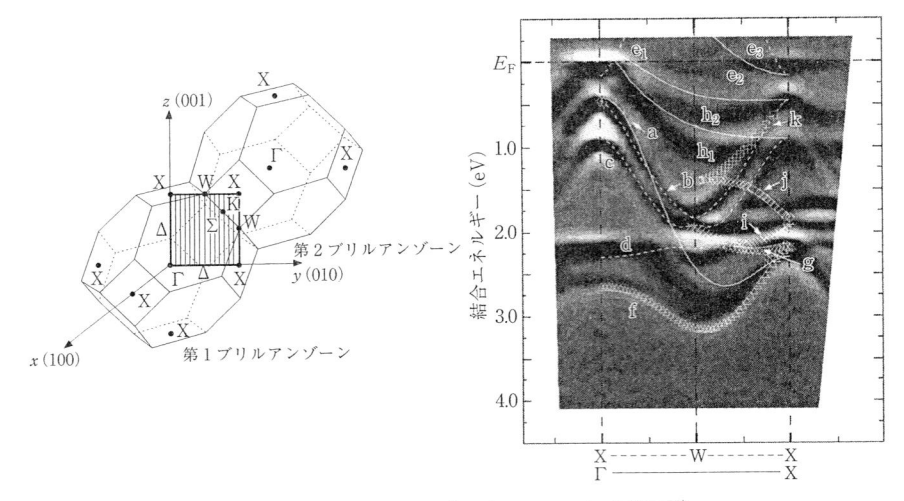

図 4.11　ARPES から決定した LaSb のバンド構造[20]

を指定した場合，$k_{/\!/}$ は一意的に決まってしまうが，$k_\perp$ は浅い脱出深さによる波数の不確定性から，ブリルアンゾーンの端から端までのかなり広い範囲を積分して測定することとなる．$k_\perp$ について積分した場合，一般に対称性線上は状態密度が大きいためスペクトル中に強く現れピークを作る．この結果，測定されたバンド分散は，ブリルアンゾーン中の対称線上のバンド分散を与えることとなる．

図 4.11 に 3 次元的結晶構造を持つ LaSb について，角度分解光電子分光から決定されたエネルギー分散とバンド計算との比較を示す[20]．測定は結晶の (001) 劈開面を用い，(010) 方向に角度分解測定を行ったものである．したがって，$k_{/\!/}$ は (010) 方向に，$k_\perp$ は (001) 方向に定義される．実験から得られたバンド分散とバンド計算の結果を比較すると，実験から得られたバンド分散中には，ブリルアンゾーンの ΓX と XWX の両対称線上のバンドが観測されていることがわかる．つまり，ある $k_{/\!/}$ に対して 2 個の異なった $k_\perp$ が測定されていることを示す．これは，上述した $k_\perp$ のぼけによる $k_\perp$ の積分効果の結果である．このように，3 次元物質においても，角度分解光電子分光により対称線上のバンド分散を決定できる場合が多い．ただし，使用する励起光のエネ

ギーや物質によっては，必ずしも当てはまらない場合もあるので，データをよく見て判断する必要がある．

c. 垂直放出法

表面に垂直方向の運動量は，浅い脱出深さから来る不確定性のため決定できないかというと必ずしもそうではない．光電子の脱出深さが深く，$k_\perp$ の不確定性原理による広がりが小さい場合，それが可能となる．

式 (4.7) と (4.8) で，$\theta=0$ とおくと次式が得られる．

$$\hbar k_{//}=0 \tag{4.9}$$

$$\hbar k_\perp=\sqrt{2m(E_i+\hbar\omega+E_0)} \tag{4.10}$$

これは，表面に垂直方向（$\theta=0$）の光電子のエネルギーを，励起光のエネルギーを変化させて測定すれば，表面に垂直方向のエネルギー分散（E_i と $k_\perp$ の関係）を決定できることを示している．ここで，E_0（$=V_0-W$，V_0：内部ポテンシャル，W：仕事関数）は，実験的に得られたバンド分散が結晶の表面垂直方向のブリルアンゾーンの周期と合うように決める．この測定法は，**垂直放出**

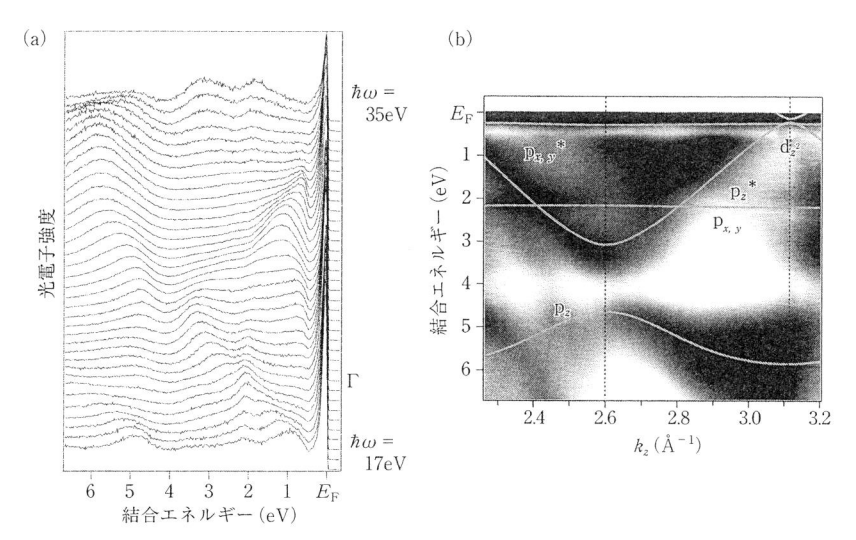

図 4.12 $1T$-VSe$_2$ の垂直放出法 ARPES スペクトル（a）とそれから決定した c 軸方向のバンド分散（b）[21]

法（normal emission spectroscopy）と呼ばれ，光エネルギーを変化できる放射光を利用する．

図4.12に，垂直放出法で測定した$1T$-VSe$_2$の角度分解光電子スペクトルと，それから決定した表面に垂直方向のエネルギーバンド分散を示す[21]．図には比較のためバンド計算の結果も示す（白い実線）．両者はよい対応を示し，垂直放出法で表面に垂直方向のバンド分散が決定できることを示している．しかし，実験的に決定されたバンド分散はかなりブロードで広がっており，$k_\perp$のぼけが影響していることを示している．

4.3.3　X線を用いた角度分解光電子分光

最近は，X線領域における放射光のエネルギー分解能向上により，X線を用いた角度分解光電子分光も行われるようになった．この長所は，脱出深さが深いため，よりバルクの電子状態を測定できることである．しかし，X線を用いて角度分解光電子分光を行う場合，注意しなければならない点がある．それは，これまでの説明では無視してきた光子の運動量を正しくデータの解析に取り入れる必要があることである．20 eV 程度の光子の波数（k_photon）はせいぜい $0.005\,\text{Å}^{-1}$ 程度で典型的なブリルアンゾーンのサイズ（$1\,\text{Å}^{-1}$）に比べはるかに小さく，光励起過程での遷移を垂直遷移（図4.6, $\Delta k=0$）としても問題なかった．しかし，1000 eV のX線ではこれが $0.25\,\text{Å}^{-1}$ にもなり，ブリルアンゾーンの 1/4 にも達し無視できなくなる．X線を用いる場合のエネルギー分散を求める式は以下のように修正される．

$$\hbar k_{/\!/} = \sqrt{2m(E_i+\hbar\omega-W)}\sin\theta - \frac{\hbar\omega}{c}\sin Q \tag{4.11}$$

$$\hbar k_\perp = \sqrt{2m[(E_i+\hbar\omega-W)\cos^2\theta+V_0]} - \frac{\hbar\omega}{c}\cos Q \tag{4.12}$$

ここで，Q は入射X線の結晶表面法線に対する角度である．図4.13に，X線を用いて測定したAlB$_2$の角度分解光電子スペクトルとそれから決定した価電子帯のバンド分散を示す[22]．紫外線を用いた場合に観測されていたフェルミ準位近傍Γ点周りの表面状態に起因する小さな電子ポケットが消えており，

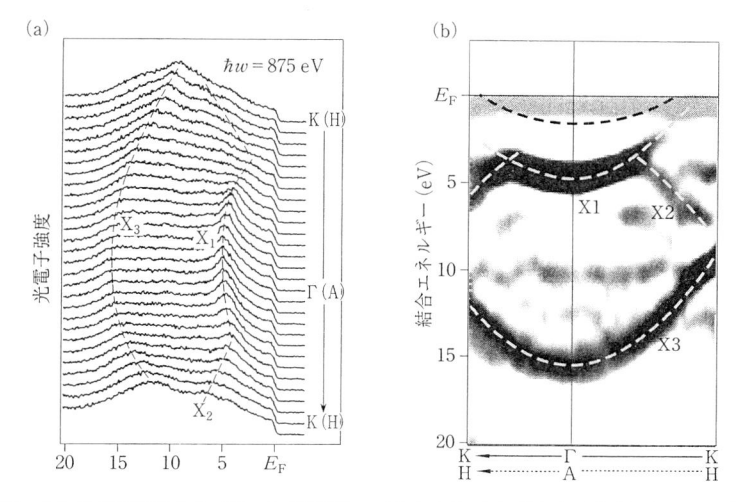

図 4.13 (a) X 線励起による AlB_2 の ARPES スペクトルと (b) それから決定したバンド構造[22] (b) の黒点線は紫外線測定で観測される電子ポケット.

X 線光電子分光がバルク電子構造を観測していることがわかる.

4.4 スピン分解光電子分光

スピン分解光電子分光を行うには,図 4.14 に示すように,電子エネルギー分析器の後段にスピン検出器(モット検出器)を取り付けて行う.測定は以下のことに注意しなければならない.

(1) スピン検出器の効率は一般に非常に低い($10^{-3} \sim 10^{-4}$)ため,強力な励起光源(例えば,アンジュレーター放射光,プラズマ放電管等)が必要である.このため現在のところ,検出効率を高めることのできる角度積分型測定が多く行われている.

(2) 測定するスピンの向きにより,電子エネルギー分析器とスピン検出器の配置が変わる.図 4.14 にモット検出器を用いる場合について示す.測定したいスピンの向きが結晶表面の面内にある場合(配置①),モット検出器は電子エネルギー分析器の出射スリットに対向する配置で設置する.モッ

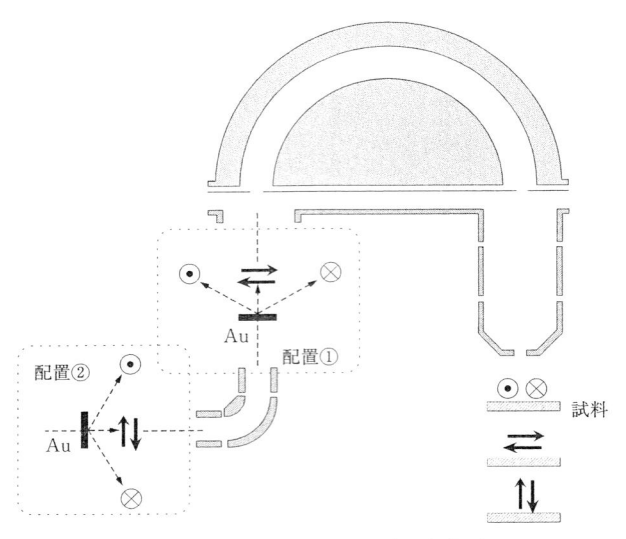

図 4.14　スピン分解光電子分光の実験配置

ト検出器には 2 個ずつ 2 組の電子検出器が配置されているので（図 3.16 参照），紙面に平行と垂直方向のスピンをモット検出器を動かすことなく同時に測定できる．しかし，この配置では結晶表面に垂直な方向を向いたスピンは検出できない．表面垂直方向を向いたスピンを検出するためには，配置②のように，電子エネルギー分析器から出た電子を電場を用いてスピンの向きを変えずに 90° 偏向させる必要がある．この場合，結晶表面内のスピンは 1 方向しか測定できないので，それと垂直方向の面内を向いたスピンを測定するためには，測定する結晶を真空中で 90° 回転させることが必要となる．

(3) 試料内のスピンの向きがランダムな場合，測定試料のスピン（磁化）の方向を揃えるために，測定試料に磁場をかける必要がある．この時，測定試料自身および磁場印加装置からの漏洩磁場により光電子の分析に支障が出ない工夫をする必要がある．図 4.15 は，その一例を示したものである．「コ」字型の電磁石の間に強磁性試料を挟み込み，パルス磁場で磁化の方向を揃え，外部への磁場の漏れを抑えている．

4.4 スピン分解光電子分光

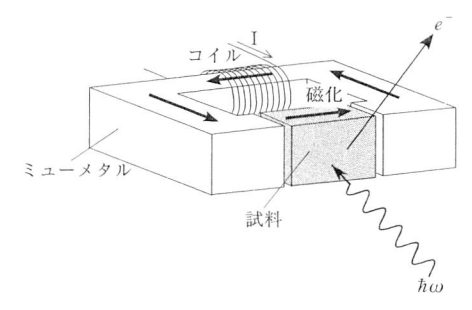

図 4.15 スピン分解光電子分光の際に試料を磁化させるための試料ホルダー

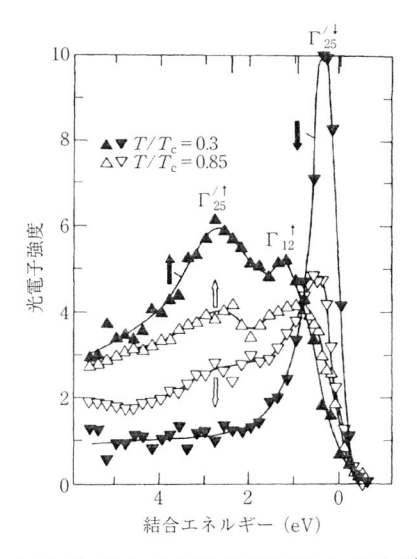

図 4.16 鉄（Fe）のスピン分解光電子スペクトル[23]

図 4.16 に鉄（Fe）のスピン分解光電子分光の結果を示す[23]．Fe は遍歴 d 電子がストナー型（Stoner-type）の強磁性を示すことが知られている．キュリー温度（T_C）以下では，上向きスピン（up-spin, majority spin）と下向きスピン（down-spin, minority spin）の d バンドのフェルミ準位に対する位置が**交換相互作用**（exchange interaction）のため異なり（図 4.17），上向きスピンを持った電子の数が多く強磁性を発現する．2 つのバンドの位置関係は温度上

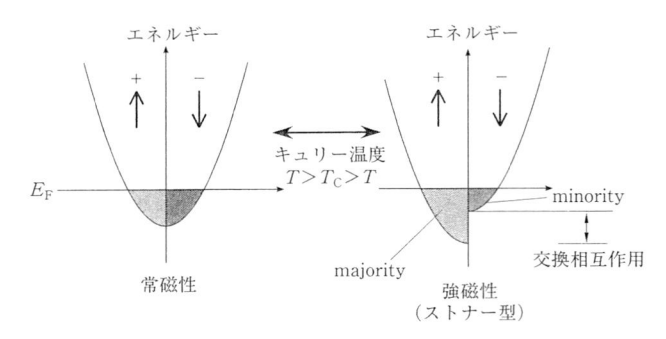

図 4.17　遍歴強磁性（Stoner 型強磁性）を説明する電子構造

昇とともに接近して，T_C を越えると一致し，上向きスピンと下向きスピンの電子数は同じとなり常磁性となる．この温度変化によるスピンの占有率の変化をスピン分解光電子分光で観測した結果が図 4.16 である．T_C 以下では，上向きスピンと下向きスピンを持つ電子の状態密度に大きな差（交換相互作用）が観測されるのに対し，T_C に近づくと両者はほとんど同じになることがはっきりと観測されている．

5 逆光電子分光と関連分光

5.1 逆光電子分光

5.1.1 逆光電子分光の原理

光電子分光法は,外部光電効果を利用して物質の電子状態を調べる強力な実験手段である.しかし,その基本原理からの制約により,基本的に物質の電子状態のうち電子が占めている状態(占有電子状態)の情報しか得ることができ

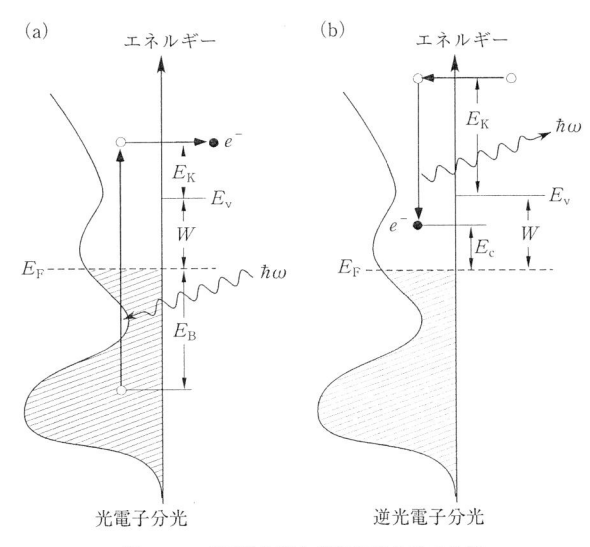

図 5.1 光電子分光と逆光電子分光の比較

ない．しかし，物質の性質は電子の占めていない状態（非占有電子状態）によっても大きく影響される．この非占有電子状態を，外部光電効果（光電子分光）の逆過程を利用して調べる方法が，**逆光電子分光法**（Inverse Photoemission Spectroscopy, IPES）である．また，光電子分光と同様に，角度分解測定を行うことにより，非占有電子状態のバンド構造も決定することができる．

　図5.1に光電子分光と逆光電子分光のエネルギー概念図を示す．図5.1 (a) の光電子分光では，物質に一定のエネルギー（$\hbar\omega$）を持つ光を入射し外部光電効果を起こさせ，物質外部に放出された電子の運動エネルギー（E_K）を測定する．この時，次のエネルギー保存則が成立する．

$$\hbar\omega = E_K + W + E_B \tag{5.1}$$

ここで，Wは物質の仕事関数であり，式 (5.1) より電子が物質内部にいたときの結合エネルギー（$E_B > 0$）を知ることができる．一方，逆光電子分光では，図5.1 (b) に示すように，物質に一定の運動エネルギー（E_K）を持つ電子を入射し，その電子が非占有電子状態内のより低い準位 E_c（>0）へ緩和する際に放出される光のエネルギー（$\hbar\omega$）を測定する．光電子分光と同様なエネルギー保存則，

$$\hbar\omega = E_K + W - E_c \tag{5.2}$$

より，非占有電子状態（E_c）の構造を知ることができる．式 (5.2) において，実験的に可変なパラメータは，$\hbar\omega$とE_Kである．つまり，逆光電子分光の測定には2つのモードがあることになる．1つは，検出する光のエネルギー（$\hbar\omega$）を固定して，入射する電子のエネルギー（E_K）を変化させる方法で，isochromat mode と呼ばれる．他の1つは，入射電子のエネルギー（E_K）を固定して検出する光のエネルギー（$\hbar\omega$）を変化させる方法で，tunable photon-energy mode と呼ばれている．前者は，光電子分光で実験室系のエネルギーの決まった光源（放電管からの He I 励起光など）を使用することに対応し，後者はシンクロトロン放射光のような連続エネルギー光を使用することに対応する．X線領域における isochromat mode による逆光電子分光を，特に BIS（Bremsstrahlung Isochromat Spectroscopy）と呼ぶこともある．このように，逆光電子分光法においては，入射電子または検出する光のエネルギーを変化させるこ

とで，非占有電子状態の状態密度を知ることができる．

さらに，光電子分光の場合と同様に，入射電子の試料結晶表面に対する方向を変化させることで，非占有電子状態のバンド分散までも描き出すことができる（角度分解逆光電子分光法）．この場合，角度分解光電子分光で説明したと同様に，結晶内に入射する電子の運動量の結晶表面に平行な成分は保存する（図 3.13 参照）．エネルギー保存則と，結晶内の電子の始状態（電子が入射する電子状態）を自由電子で近似することで，以下の式が得られる．

$$\hbar k_{/\!/} = \sqrt{2m(\hbar\omega - W + E_c)} \sin\theta \tag{5.3}$$

$$\hbar k_\perp = \sqrt{2m[(\hbar\omega - W + E_c)\cos^2\theta + V_0]} \tag{5.4}$$

ここで，V_0 は光電子分光で説明した inner potential である．式 (5.3) は，$\hbar\omega$ を固定し（isochromat mode），電子の入射角（θ）の関数として逆光電子スペクトルを測定することで，実験的に2次元的な非占有電子状態のバンド分散 E_c を決定できることを示している．また，式 (5.4) は，$\theta = 0°$（垂直入射）について，$\hbar\omega$ を変化させて（tunable photon-energy mode）逆光電子スペクトルを測定することで，結晶表面に垂直方向のバンド分散を決定できることを示している．これらのことは，まさに角度分解光電子分光と全く逆の過程である．

このように，光電子分光法と逆光電子分光法は一見全くの逆過程のように見える．しかし，逆光電子分光法は必ずしも光電子分光法の"逆"ではないことに注意する必要がある．系全体の電子数に注目すると，光電子分光は物質から電子を1個取り去るので，N 系から $(N-1)$ 系の変化を見ているのに対し，逆光電子分光は電子を1個付け加えるため，N 系から $(N+1)$ 系の変化を観測していることになる．このことは，s, p 電子のような1電子近似がよく成立する系では大きな問題とならないが，銅酸化物高温超伝導体やウラン化合物のような d, f 電子系の電子相関の強い物質を扱うときには注意を要する．さらに，光電子分光法と逆光電子分光法の実験上の最も大きな違いは，その効率（電子を1個入射した時に何個の光子が放出されるか，またはその逆）にある．逆光電子分光の効率は光電子分光に比べて格段に小さいことは実験上からも知られているが，理論的にはその違いは，$\alpha^2 = 5 \times 10^{-5}$ 倍になる（α は微細構造定数，

$1/137)^{24)}$. これは, 位相空間を占める光子と電子の体積の違いに起因している. このため, 逆光電子分光には, 高密度電子ビームを発生する電子銃と高効率な光子検出器が不可欠となる.

5.1.2 逆光電子分光の実験装置

逆光電子分光は X 線領域の発光を検出するものと紫外線領域のものがある

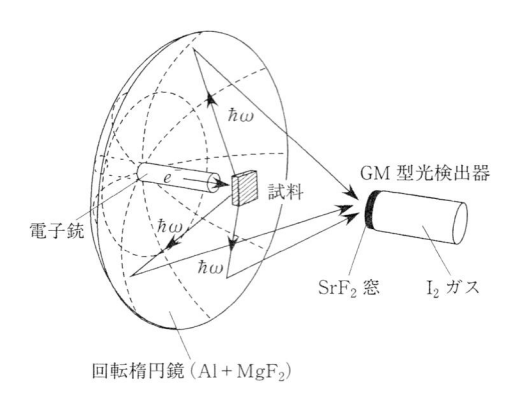

図 5.2 紫外逆光電子分光装置の概念図

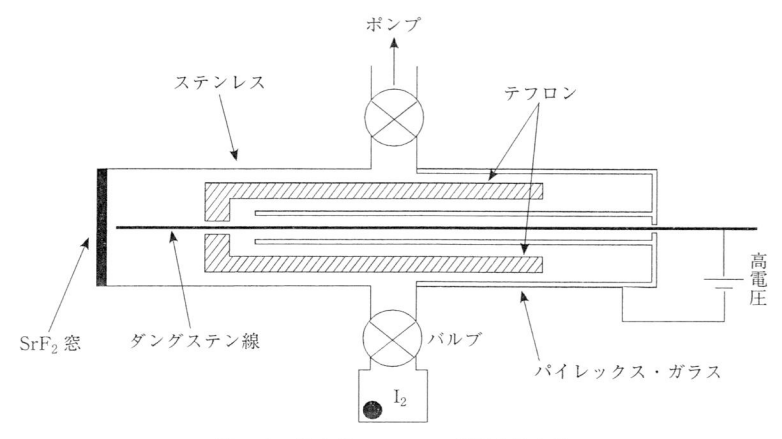

図 5.3 ガイガー–ミュラー管型光検出器

が，ここでは，バンド分散を決定できる紫外線領域の装置について説明する．

図 5.2 に，isochromat mode の紫外逆光電子分光装置の概略図を示す．装置は大きく 3 つの部分よりなる．① 試料に対して一定のエネルギー（2〜30 eV）を持つよく収束された平行性の高い電子線を入射させる電子銃．② 試料より放射された紫外光を大立体角で光検出器に集光する回転楕円反射鏡．③ 集光された光のうち一定のエネルギーを持つ光子だけを検出する光検出器であるガイガー–ミュラー（Geiger-Müller, GM）計数管．これらはすべて，超高真空槽内に納められている．②の回転楕円反射鏡は必ずしも必要なものではないが，効率の低い逆光電子分光においては，試料から放射された光を効率よく集光し検出するために非常に有効となる．

電子銃については，含浸型 BaO カソードを用いたピアース（Pierce）型の

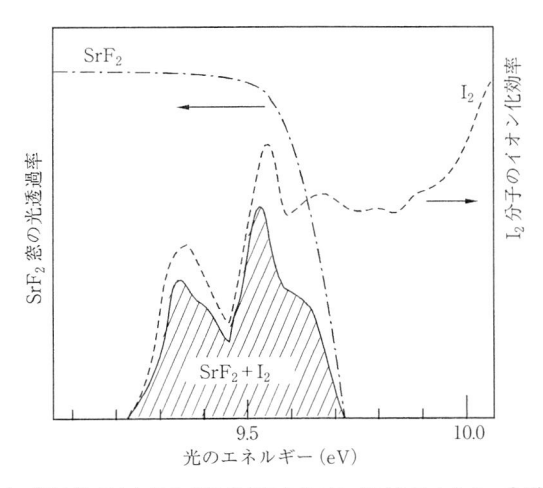

図 5.4 窓材 (SrF_2) と封入ガス (I_2) によりバンドパスフィルターを形成する

表 5.1 GM 管型光検出器における窓材と封入ガスの組み合わせによるバンドパス特性

窓材	ガス	E_{center}	ΔE
CaF_2	I_2	9.7	0.8
SrF_2	I_2	9.5	0.4
CaF_2	CS_2	10.1	0.1
CaF_2	アセトン	9.9	0.4

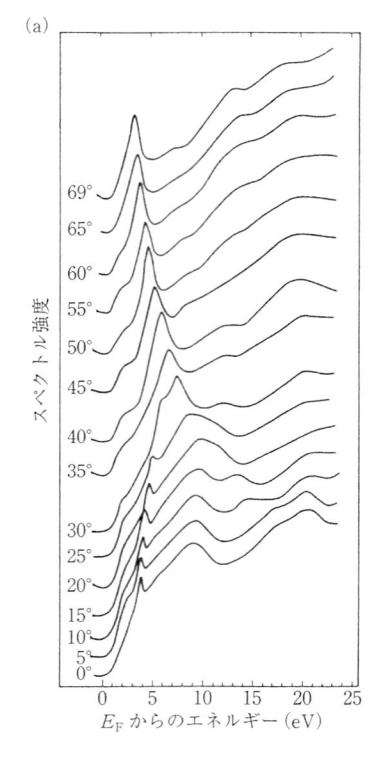

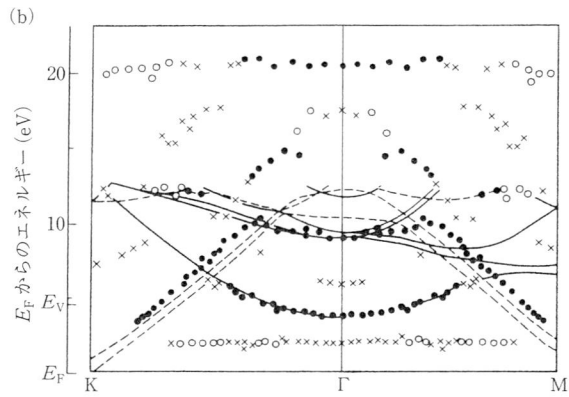

図 5.5 グラファイトの,(a) 角度分解逆光電子スペクトルと,(b) それから描き出した非占有状態のバンド構造[26]

引き出し電極と3〜4枚の電子レンズ系を用いたタイプのものがよく用いられる[25]．また，回転楕円反射鏡は紫外領域での反射係数の大きいアルミニウムで作成し，その表面は反射率向上のため高い精度の鏡面仕上げを行い，さらに酸化による劣化を防ぐために MgF_2 薄膜でコートする．図5.3および図5.4にGM管型光検出器の模式図とその光検出バンドパス特性の概要図を示す．この光検出器は，管内に封入したガスのイオン化効率と窓材の光透過率の組み合わせでバンドパスフィルターを形成し，狭いエネルギー幅の光子を検出するものである．そのいくつかの組み合わせ例を表5.1に示す．図5.5に，SrF_2+I_2 の組み合わせのGM管を用いて測定したグラファイトの角度分解逆光電子スペクトルとそれから描き出したグラファイトの非占有電子状態のバンド分散を示す[26]．フェルミ準位上3eVから10eV付近にエネルギー分散を示している π^* バンドとその下に位置している層間バンド（inter-layer band）がはっきりと観測されている．

図5.6に，tunable photon-energy mode の紫外逆光電子分光装置の概略図を示す．検出する光のエネルギーを可変とするために，いろいろなグレーティング分光器が用いられたが，現在では，図のように直入射型が主流となっている．検出する光のエネルギーを変えられることは，物性測定上，より多くの情報（例えば，光励起断面積の違いや共鳴効果を用いた原子軌道の帰属など）を得ることができるが，GM管型に比べ装置が大がかりで複雑となる．

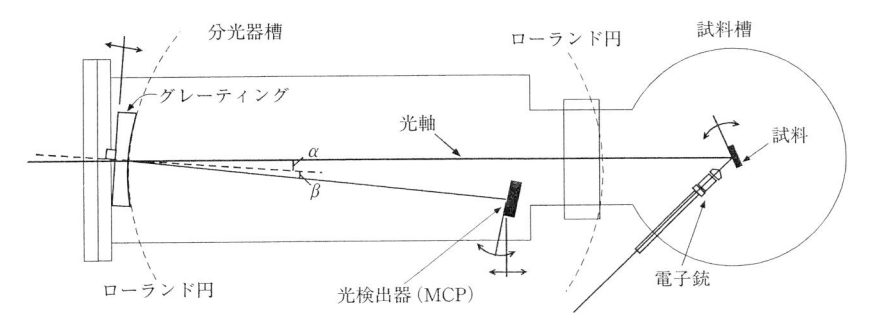

図5.6 グレーティングを用いた tunable photon-energy mode の紫外逆光電子分光装置

5.1.3 スピン分解逆光電子分光

物質の占有電子状態をスピンにまで分解して調べる方法がスピン分解光電子分光で，電子のスピンを検出できるモット検出器などが用いられる．この逆光電子版がスピン分解逆光電子分光であり，測定にはスピン分解した電子を供給する電子銃が必要となる．その電子源として現在広く用いられているものが，NEA（Negative Electron Affinity）カソードである．Electron affinity（電子親和力）とは，固体の伝導帯（非占有電子状態）の底と真空準位のエネルギー差であり，通常は"正"の値をとるが，これを"負"にすることによって電子を真空中に引き出すものである．図 5.7 に示すように，GaAs(100) または (110) 面に Cs を軽く蒸着した後，その表面に微量の酸素を吸着させることにより，結晶表面領域における伝導帯の底を真空準位の下に下げることができる．この状態で，価電子帯の電子を光により伝導帯に励起すると，その電子は自発的に真空中に飛び出してくる．図 5.8 (a) に，GaAs の Γ 点近傍のバンド構造を示す．価電子帯の上端はスピン-軌道相互作用（Δ）により $\Gamma_8(p_{3/2})$ と $\Gamma_7(p_{1/2})$ に分裂している．伝導帯の底は s 対称性を持つ Γ_6 である．バンドギャップ $E_g(1.52\,\mathrm{eV})$ に対応するエネルギーを持つ光（例えば GaAlAs 半導体レーザー）

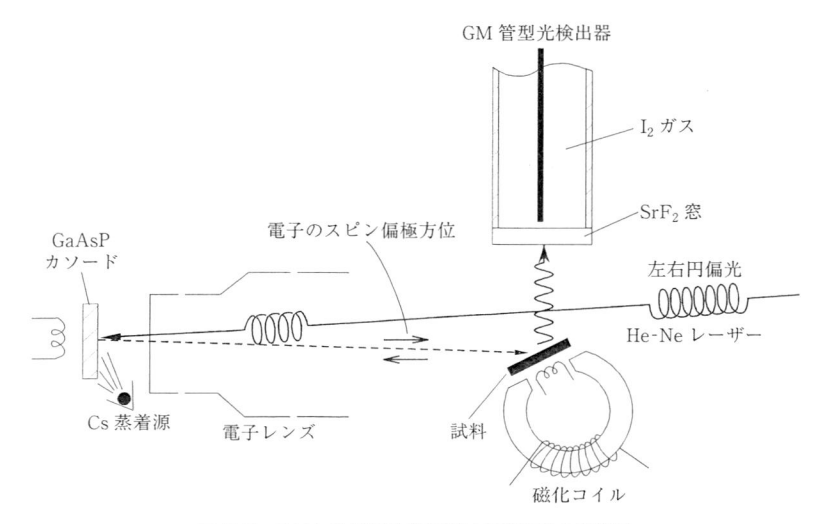

図 5.7 スピン分解紫外逆光電子分光装置の概略図

で Γ_8 の電子を Γ_6 へ励起する．この場合，円偏光を用いると，左右円偏光の双極子遷移の選択則（$\Delta m_j = \pm 1$）により，Γ_6 に励起された電子は，理論的には 50 % のスピン偏極率を持つことになる．例えば右偏光の場合（$\Delta m_j = +1$），価電子帯 $\Gamma_8(p_{3/2})$ の $m_j = -3/2$ 準位の電子は伝導帯 Γ_6 の $m_j = -1/2$ 準位へ励起され，また，$\Gamma_8(p_{3/2})$ の $m_j = -1/2$ 準位の電子は伝導帯 Γ_6 の $m_j = +1/2$ 準位へ励起される．それぞれの遷移確率の相対強度は 3：1 である．また，$\Gamma_7(p_{1/2})$ の $m_j = -1/2$ 準位の電子は光のエネルギーがスピン–軌道相互作用（Δ）の分だけ足りず，伝導帯には励起されない．したがって，Γ_6 準位に励起された電子は 50 %(=(3−1)/(3+1)) のスピン偏極率を持つことになる．左偏光の場合も，スピンの向きが違うだけで同様である．したがって，この GaAs 結晶表面を NEA カソードに用いれば，50 % の偏極率を持った電子線が得られる．

図 5.9 に，鉄（Fe）の (110) 結晶表面に対するスピン分解逆光電子スペクトルの温度依存性を示す[27]．図よりわかるように，低温では minority spin 電子のスペクトル強度が強く試料が強磁性的であることを示しているが，試料温度がキューリー温度（T_C）に近づくにつれ，majority spin と majority spin のスペクトル強度が接近し，ストナー的な遍歴強磁性の特徴がよく現れているこ

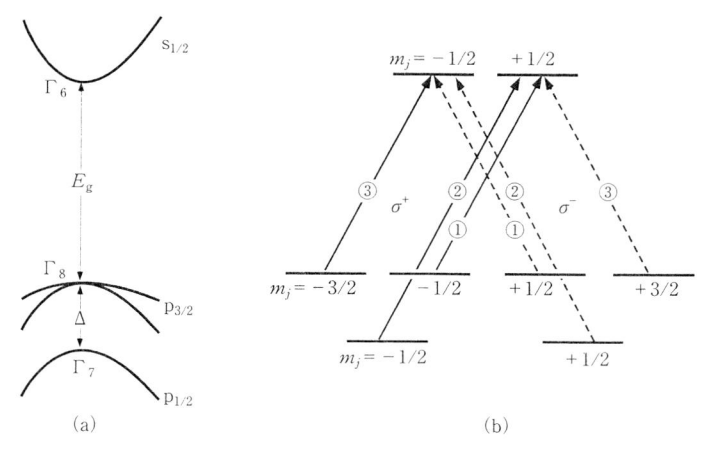

図 5.8 GaAs の Γ 点近傍のバンド構造
(a) フェルミ準位近傍の s, $p_{3/2}$, $p_{1/2}$ バンド，(b) 右偏光 (σ^+) または左偏向 (σ^-) による $p_{3/2}$ バンドから s バンドへの遷移確率．丸数字は相対的遷移確率を表す．

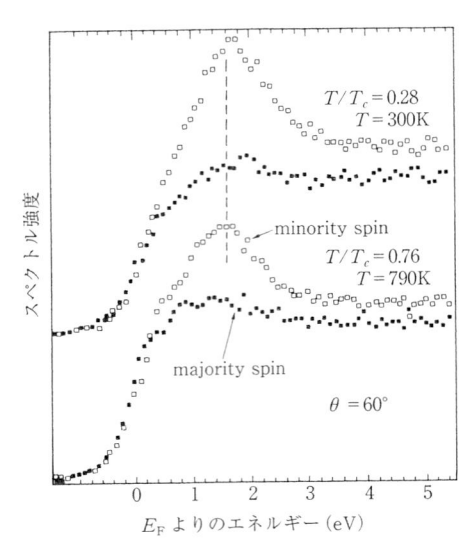

図 5.9 Fe (110) 結晶表面のスピン分解逆光電子スペクトルの温度依存性[27]

とがわかる．しかし，エネルギー分解能が不充分であるため，ピーク位置の変化は観測されていない．

このように逆光電子分光法は，光電子分光法では得られない非占有電子状態の直接的情報を与える強力な実験手段で，現在精力的にその展開が進んでいる．しかし，その効率の低さから，分解能の点で光電子分光に比べ，まだ見劣りするのも事実である．今後，より高密度の電子銃や高効率の光子検出器の開発が必要である．将来，光電子分光と組み合わせることで，物質の電子状態の完全決定が可能になることが期待される．

5.2 2次電子分光

2次電子とは，外部光電効果における「光電子の表面への輸送過程」中に非弾性散乱などでエネルギーを失い（同時に始状態の情報も失う），光電子スペクトルに大きなバックグラウンドを形成する電子のことである（図2.3参照）．通常の光電子分光では無視されるか，エネルギーを失っていない光電子の信号

5.2 2次電子分光

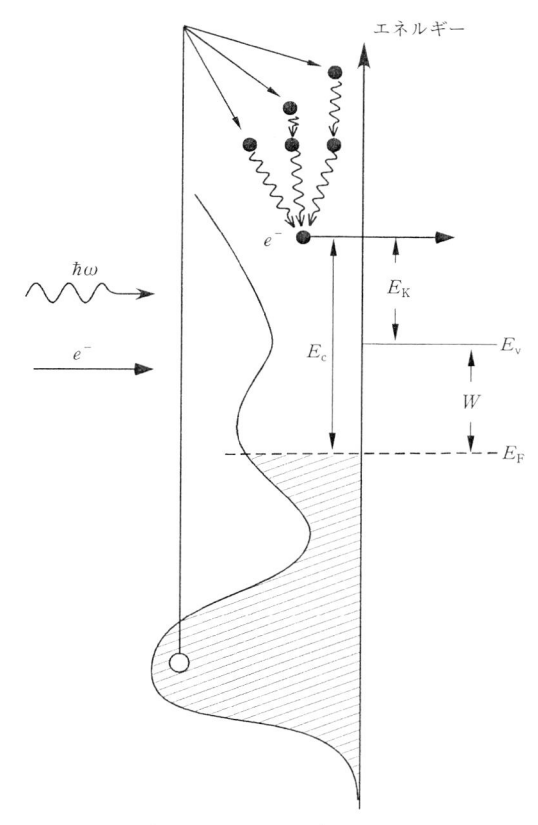

図 5.10 2次電子分光の概念図

を覆い隠すものとして，むしろ邪魔者扱いされている．しかし，この2次電子を利用して，非占有電子状態のバンド分散を実験的に決定する実験法が**2次電子分光** (secondary electron spectroscopy, SES) である．

図 5.10 に示すように，高い非占有電子状態に励起された電子が非弾性衝突によりエネルギーを失い緩和する過程で結晶固体の外に放出されることを考える．結晶外に運動エネルギー E_K を持って放出された電子は，その直前に必ず結晶中の何らかの非占有電子状態を占めていたはずである．この非占有電子状態のエネルギーを E_c とすると，エネルギー保存則と運動量の結晶表面に並行

成分の保存則から以下の2式が書ける.

$$E_K = E_c - W \tag{5.5}$$

$$\hbar k_{/\!/} = \sqrt{2m(E_c-W)} \sin\theta \tag{5.6}$$

この式は，結晶外に放出された2次電子のエネルギーと角度を測定することで，結晶の非占有電子状態のバンド分散を描き出せることを示している．また，式には励起光（$\hbar\omega$）のエネルギーが入っていない．つまり，励起は一定のエネルギーを持った光や電子でなくてもよいことを示している．このことは，どのような方法であれ，電子を高い非占有電子状態に励起してその2次電子のエネルギーと放出角度を測定すればよいことを示している．したがって，実験装置としては，角度分解光電子分光装置がそのまま使え，励起源としては，光電子分光で使用する放電管などからの単色光である必要はなく，非単色光でも，さらに電子線を用いる励起でも構わない．

図5.11（a）に，50 eV程度の電子線で励起したグラファイトからの角度分解2次電子スペクトルを示す[28]．スペクトルの低エネルギー側にいくつかの細かい構造が観測され，それらが角度によって位置を変化させていることがわかる．つまり，2次電子といえども非占有電子状態の情報を持って結晶外部へ放出されていることを示している．このスペクトルから，式（5.6）を用いてグラファイトの非占有電子バンド構造を描き出したものが図5.11（b）である．図には，バンド計算の結果も比較のため示している．図からわかるように，角度分解2次電子分光を用いることで，フェルミ準位から30 eVも上のバンド構造が実験で決定され，それらはバンド計算の結果と比較的よく合っていることがわかる．しかし，2次電子分光ではフェルミ準位より数 eV 上の電子状態が見えていない．これは，真空準位より下の電子が外部に放出されないことによる2次電子分光に本来的な制約である．図5.5の同じグラファイトに対する逆光電子分光の結果と比較すると，両者は比較的よい対応を示していることがわかる．逆光電子分光ではフェルミ準位に近い（E_F～15 eV）領域のバンド分散が実験的によく得られ，2次電子分光では E_F より離れた（10～30 eV）領域ではっきりとした実験データが得られている．2次電子分光での E_F 近傍の制限は上述したとおりであるが，逆光電子分光では，E_F より離れることで入射電

5.2 2次電子分光

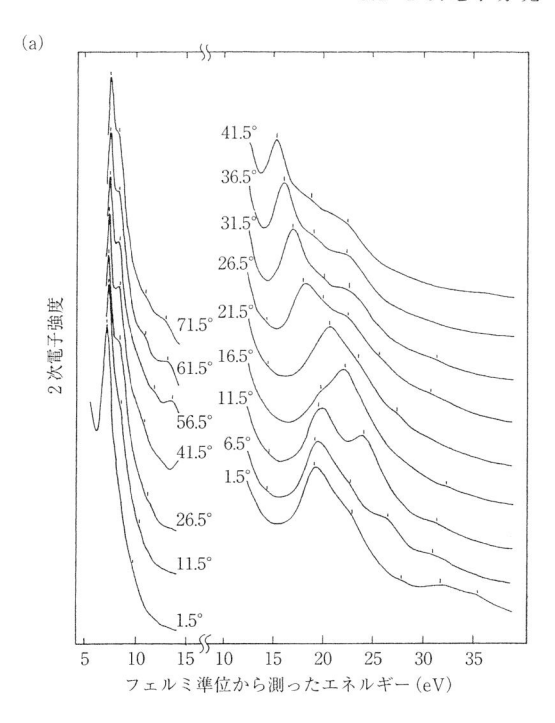

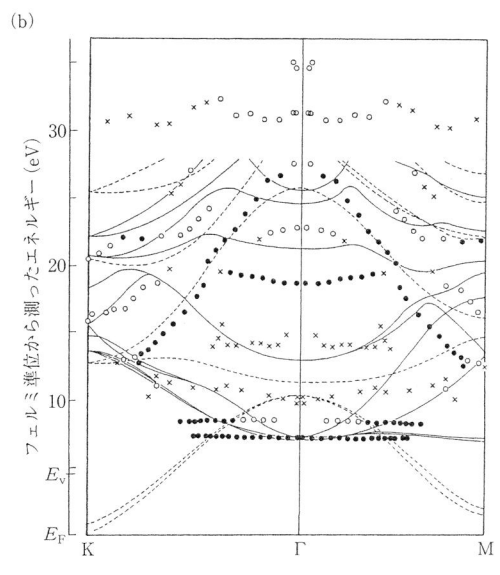

(a)

(b)

図 5.11 (a) グラファイトの角度分解 2 次電子スペクトルと，(b) それから描き出したグラファイトの非占有電子状態のバンド構造[28]

子の寿命が短くなりスペクトルにぼけが生じるためと考えられる．このように，逆光電子分光と2次電子分光は相補的と考えられ，両者を併用することで広いエネルギー範囲にわたる非占有電子状態の研究を行うことができる．

6 高分解能光電子分光

6.1 高分解能光電子分光の進歩

光電子分光のエネルギー分解能は，**高温超伝導体**（high-temperature super-conductor）の発見（1986年）を契機として急速に上昇し，十数年の間に3桁近くの向上を達成して，現在（2010年）では1 meVを切るまでになっている．高温超伝導体の発見に触発されたこの急速な分解能の向上は，超伝導ギャップの直接観測に留まらず，多体相互作用などの結果生成される準粒子（素励起）の直接観測までをも可能にしている．本章では，高分解能光電子分光装置や，それを用いて行われた研究について，高温超伝導体，重い電子系，表面電子系などを例にとって具体的に説明する．この章では，高分解能光電子分光が固体物理学の最前線でどのように活用されているかを見ることができる．

6.2 高分解能光電子分光装置

図6.1に，高分解能光電子分光装置の一例を示す．第3章で説明したように，光電子分光のエネルギー分解能を決定している要素は，大きく2つある．① 電子エネルギー分析器の性能と，② 励起光のエネルギー幅である．式（3.1）に示したように，半球型エネルギー分析器の分解能は，その半径に反比例し，入射スリット幅に比例する．つまり，理想的には「できるだけ大きい半径と小さな入射スリットを持つ分析器を使用すればよい」ということになる．しかし，

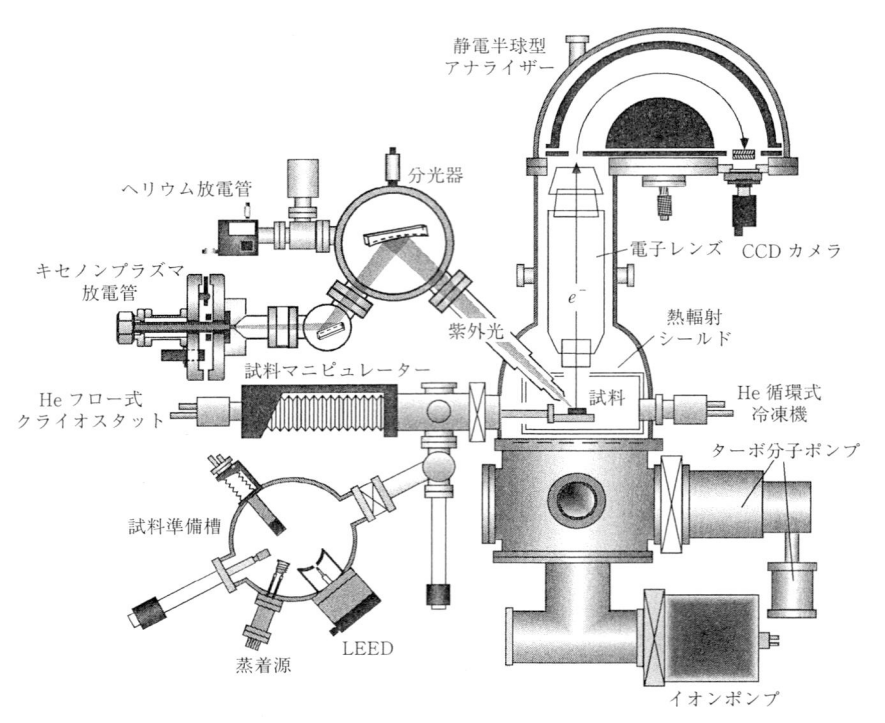

図 6.1 高分解角度分解光電子分光装置
大型静電半球型2次元エネルギー分析装置，プラズマ放電管などを備えている．

半径が大きすぎると加工精度の問題があり，現時点ではアナライザーの半径を200 mm としたもので最も高い分解能が達成されている．実際の測定においては，分析器以外の様々な要因，特に電場，地磁気，装置の振動などにより分解能は悪化するので，測定系全体のアースの調整，測定槽内部の浮遊電場の消去，電子分析器の供給電源系の安定化，ソフトウェア・検出器の改良，ミューメタルシールドによる地磁気遮蔽などの数々の工夫が必要となる．また，エネルギー分解能の向上には，光電子検出の高効率化も不可欠であり，図3.11で示したような，複数の角度に放出された光電子を複数のエネルギーに対して同時計測する2次元電子検出を採用している．広い立体角に放出された光電子を数百本の角度情報に分割して一度に測定するため，高い角度分解能（±0.1°）が実

6.2 高分解能光電子分光装置

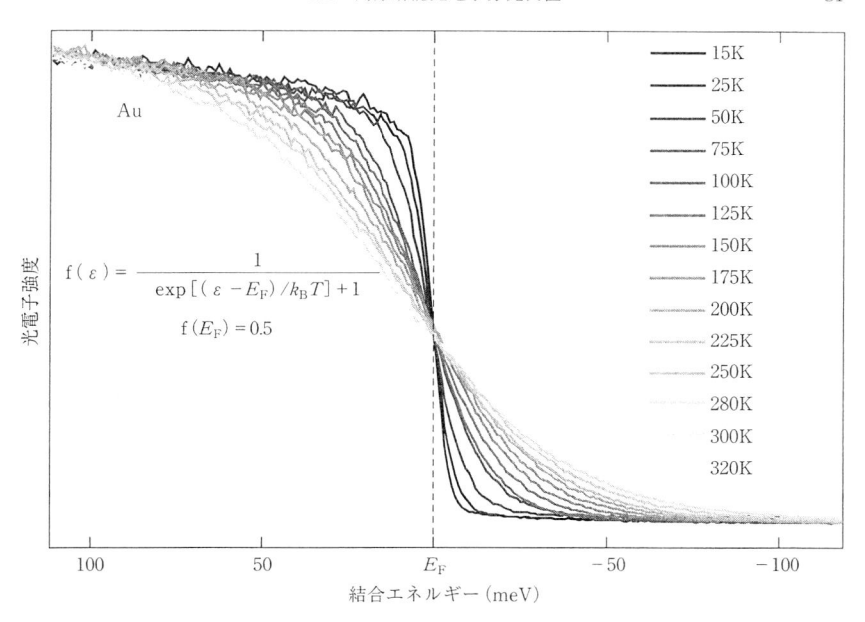

$$f(\varepsilon) = \frac{1}{\exp[(\varepsilon - E_\mathrm{F})/k_\mathrm{B}T] + 1}$$

$f(E_\mathrm{F}) = 0.5$

図 6.2 金（Au）のフェルミ準位近傍の高分解能光電子スペクトルの温度変化

現され，従来型（±1°）に比べて10倍以上の細かい運動量分割での測定が可能になっている．高い角度（運動量）分解能は，バンドが E_F を切る位置を正確に決めフェルミ面形状を精度よく描き出すためには不可欠である．

　高分解能を達成する上で，光源のフラックス強度とそのエネルギー幅はもう1つの重要なファクターである．弱い光源強度では，光電子シグナルの統計精度が十分得られず，測定中の試料表面の劣化のため実質的な分解能を落とさざるを得ない．高分解能測定には，高輝度放射光やマイクロ波励起放電管（図3.6）が用いられている．

　エネルギー分解能向上とともに欠かせない実験技術が，分解能に見合うだけの試料の低温化である．フェルミ分布関数の熱的広がりが $3\sim 5k_\mathrm{B}T$（100 K で ~ 40 meV）あるため，E_F 近傍の測定において，高温では実質的なエネルギー分解能が低下する．特に超伝導体などの物質群では，試料の低温化が必須になる．しかし，光電子分光は基本的に開放系の実験手法であるため，試料の極低

温化を実現するのが非常に難しい．図 6.1 の装置では，試料周りに多重の熱輻射シールドを設置し，さらに，試料冷却用の液体 He 供給の強化，基板の熱コンダクタンスの向上と低熱容量化を行うことなどによって，試料上で 4 K 以下の温度が実現されている．

図 6.2 に，金（Au）の E_F 近傍の高分解能光電子スペクトルの温度変化を示す．各温度で明確な違いが観測されるとともに，すべての温度においてスペクトルが E_F 上の 1 点で交わっている．まさにフェルミ分布関数そのままである．このことは，光電子分光のエネルギー分解能向上により，物性発現機構に直結する E_F 極近傍の微細な電子状態までも詳細に議論することができるようになったことを示している．

以下に，大きく進歩している高分解能光電子分光の現状を，高温超伝導体，重い電子系，表面電子系などを例にとって説明する．また，最近急速にエネルギー分解能の向上が見られるスピン分解光電子分光の現状についても説明する．

6.3　銅酸化物高温超伝導体

6.3.1　バンド構造とフェルミ面

銅酸化物高温超伝導体（図 6.3）は，すべての超伝導体の中で最も高い超伝導転移温度を持つ物質系であり，その超伝導を担っているのは結晶中の 2 次元 CuO_2 面であると考えられている．CuO_2 面の Cu 原子は $3d^9$ の奇数個の電子配置を持つことから，1 電子近似のバンド計算では CuO_2 面は金属となる．しかし，Cu3d 電子間には強いクーロン反発力（電子相関）が働き Cu3d 電子が局在する結果，CuO_2 面は絶縁体となることがわかっている（モット-ハバード絶縁体，図 6.4）．超伝導は，この絶縁体である CuO_2 面に，元素置換などによりキャリアー（電子またはホール）をドープすることで発現する．

高温超伝導体発見の初期の段階においては，この Cu3d 電子間の強い電子相関のため，ドープされた CuO_2 面（つまり高温超伝導体）はフェルミ面を持たない絶縁体であると考えられたこともあった．しかし，光電子分光で明確なフ

6.3 銅酸化物高温超伝導体

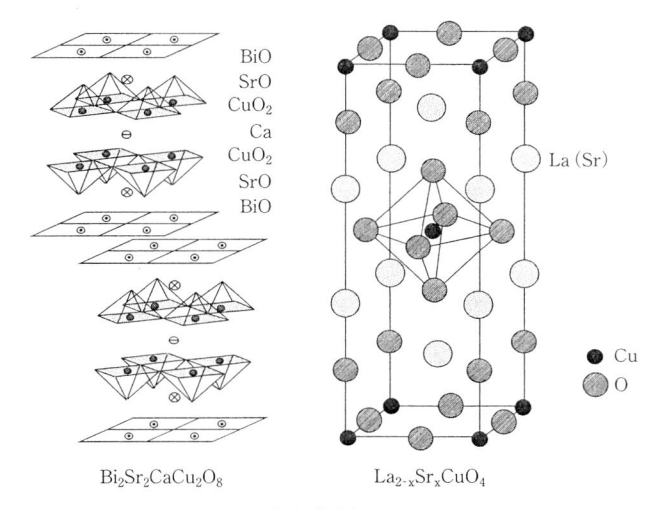

図 6.3 2種類の代表的な銅酸化物高温超伝導体（$Bi_2Sr_2CaCu_2O_8$, $La_{2-x}Sr_xCuO_4$）の結晶構造
いずれも結晶中に CuO_2 面を持っている．

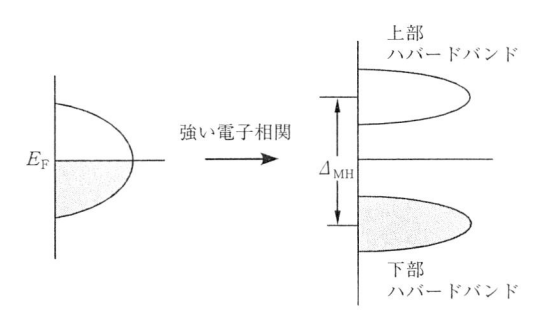

図 6.4 モット–ハバード（Mott-Hubbard）絶縁体の形成
強い電子相関により1つのバンドがフェルミ準位を挟んで分裂する．

ェルミ端が観測されることによって，フェルミ面を持つ金属であることが明らかになった[29,30]．図 6.5 に，Bi 系高温超伝導体（$Bi_2Sr_2CaCu_2O_8$）のフェルミ準位近傍の ARPES スペクトルを示す．図 6.5 (a)，(b) とも，ブリルアンゾーン中の同一方向で測定したものであるが，(a) が光電子分光装置の分解能向上以前の測定（分解能 300 meV）[29]で，(b) が向上を達成した後（分解能 10 meV）の測定結果[30]である．分解能向上以前の測定では，フェルミ準位近

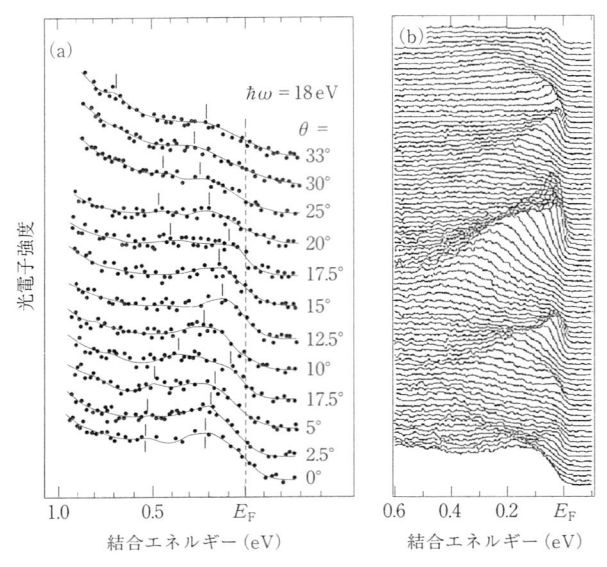

図 6.5 $Bi_2Sr_2CaCu_2O_8$ のフェルミ準位近傍の角度分解光電子スペクトル
(a) 分解能 300 meV [29],(b) 分解能 10 meV [30] で測定した結果.

傍に分散を示すバンドは観測されるものの，それらがフェルミ準位を切っているかどうかの判断は難しく，大きな論争を巻き起こしたが，その後の高分解能測定の結果から，スペクトルに明確なフェルミ端が観測され，数本のバンドがフェルミ準位を切っていることが明確となり，高温超伝導体がフェルミ面を持つ金属であることが確立した．これは，高分解能光電子分光が高温超伝導体の研究の方向を決定づけた 1 つのよい例である．

次に，高温超伝導体のフェルミ面構造を ARPES で調べた結果について説明する．上述したように，ドープされていない高温超伝導体は Cu3d 電子が局在したモット–ハバード絶縁体となっている．ここに，キャリアーをドープして金属化させた場合，どのようなフェルミ面が形成されるかは，超伝導機構と密接に関係する．図 6.6 には，ホールをドープした場合の 2 つのシナリオを示している．1 つは，モット–ハバード絶縁体の電子構造を保持した状態でホールがドープされる場合で，この場合は，ブリルアンゾーンの Γ 点と X 点の中間

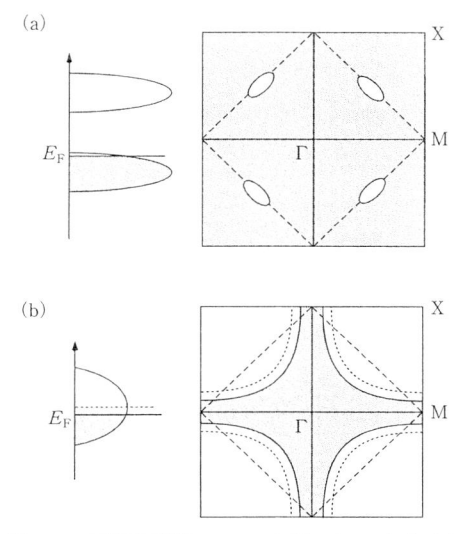

図 6.6 高温超伝導体のフェルミ面の 2 つのシナリオ (a) 小さなフェルミ面, (b) 大きなフェルミ面.

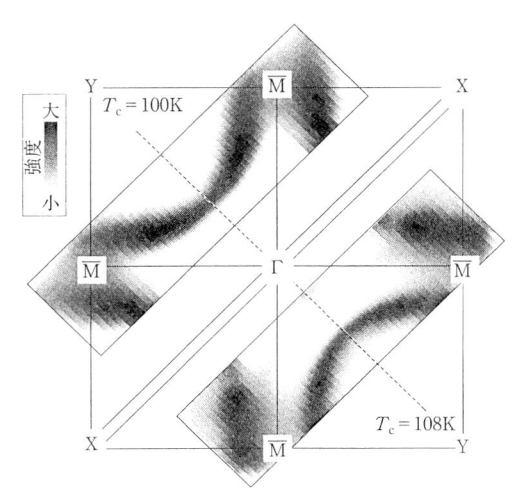

図 6.7 ARPES から決定されたドーピング量の異なる 2 種類の $Bi_2Sr_2Ca_2Cu_3O_{10}$ のフェルミ面 (黒い領域) ドーピング量 (超伝導転移温度) によらず X (Y) 点を中心とした "大きな" 丸いフェルミ面を形成する[31].

付近にドープしたホールの量（x）に比例した大きさを持つ"小さなフェルミ面"が開く（a）．一方，バンド計算は，X 点を中心とした $1+x$ の大きさを持つ"大きなフェルミ面"が開くことを予想する（b）．図 6.7 に ARPES 測定から決定した Bi 系高温超伝導体のフェルミ面を示す[31]．これは，ブリルアンゾーン全体にわたって測定した ARPES スペクトルのフェルミ準位近傍のスペクトル強度を 2 次元的波数の関数としてプロットしたものである．図から明らかなように，高温超伝導体は"大きなフェルミ面"を持っている．このことは，高温超伝導体の電子状態と超伝導機構を考える上で非常に重要である．キャリアーがドープされていない状態では，強い Cu3d 電子間の反発（電子相関）により，バンド計算の予測と異なり絶縁体（モット-ハバード絶縁体）となっていた CuO_2 面も，キャリアーがドープされて超伝導が発現する領域では，バンド計算で予測されるような電子構造が復活していることを示している．

6.3.2 超伝導ギャップとその対称性

超伝導体の超伝導ギャップを直接観測し，その対称性を決定することは光電子分光にとっては長い間の目標であった．それが，高温超伝導体の発見とそれに触発された光電子分光のエネルギー分解能向上によって実現された．これまでは，超伝導ギャップの観測は主にトンネル分光で行われてきたが，トンネル分光は波数（運動量）を積分した状態密度の情報しか与えず，ギャップの大きさや対称性についての厳密な議論が難しい．トンネル分光は，光電子分光でいえば，角度積分型測定に対応するが，角度分解光電子分光（ARPES）を用いることによって，波数に分解した超伝導ギャップを直接観測することができる．図 6.8 に，$Bi_2Sr_2Ca_2Cu_3O_{10}$ について，ブリルアンゾーンの M 点に近いフェルミ面上で測定した，フェルミ準位極近傍の ARPES スペクトルの温度依存性を示す[32]．T_c(=108 K) より上の温度で測定したスペクトルのフェルミ端の中点がフェルミ準位（E_F）上にあることから，バンドが E_F を切っていることがわかる．温度を下げて T_c 以下になると，E_F 近傍のスペクトル強度が減少し，同時に結合エネルギー 45 meV 付近のスペクトル強度が増加するという，電子状態密度の移動が起きていることがわかる．40 K の低温では，E_F 近傍の状態

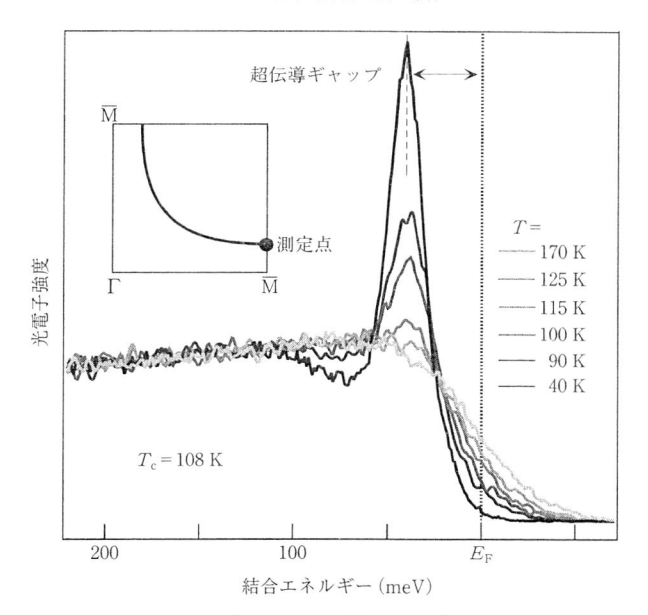

図 6.8 　$Bi_2Sr_2Ca_2Cu_3O_{10}$ の超伝導ギャップの開閉を示す光電子スペクトルの温度変化[32)]
　　　　測定は挿入図に示すブリルアンゾーン M 点に近いフェルミ面上で行った．

密度はほぼ完全に消滅する一方で，45 meV 付近に非常に鋭いピークが形成されていることから，約 45 meV の超伝導ギャップが開いていることがわかる．このように，高分解能 ARPES は，フェルミ面のある 1 点での超伝導ギャップを直接観測することができる．

この超伝導ギャップ開閉の測定を，フェルミ面上の多くの点で行うことで，超伝導ギャップの対称性を直接観測することができる．その結果を図 6.9 に示す[31)]．図 6.9 には同時に，スペクトルの解析から得られた超伝導ギャップの大きさをフェルミ面角度（ϕ，図参照）の関数として示した．MY（X）方向（$\phi=0°$）で最大の超伝導ギャップ（$\Delta=47$ meV）を持ち，ΓX（Y）方向（$\phi=45°$）ではギャップが開いていないことがわかる．この実験結果から，$Bi_2Sr_2Ca_2Cu_3O_{10}$ は，$d_{x^2-y^2}$ 波的な超伝導ギャップ対称性を持つことがわかる．このことは，Pb や Nb のような金属系超伝導体が s 波的超伝導ギャップを持つことと対照的であり，高温超伝導体の超伝導の起源が金属系超伝導体と異なっている

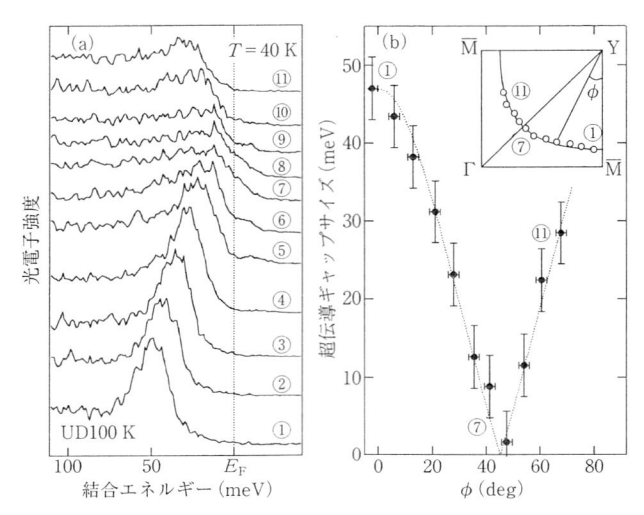

図 6.9 (a) $Bi_2Sr_2Ca_2Cu_3O_{10}$ の超伝導ギャップの波数依存性を示す光電子スペクトル[31]. 測定は (b) の右上図中のフェルミ面上の点で行った. (b) フェルミ面角度 (ϕ, 右上の図参照) の関数としての超伝導ギャップサイズ.

ことを示している.

6.3.3 ボゴリューボフ準粒子

金属系超伝導体の超伝導発現機構を説明する理論が **BCS 理論** (BCS theory) である[33]. BCS 理論では, 2 個の電子が結晶格子の振動 (フォノン) の力を媒介として対 (**クーパー対**, Cooper pair と呼ぶ) を形成することで, 結晶中を抵抗なく移動すると説明されている. この BCS 理論が高温超伝導体にも適用できるかどうかは, 高温超伝導発現機構研究の大きな分かれ目となる. ここで, 2 個の電子を結びつける引力相互作用がフォノンである場合を "狭い意味での BCS 理論", 引力相互作用が何であれ, 何らかの引力相互作用により 2 個の電子が対を形成して超伝導状態を発現している場合を "広い意味での BCS 理論" と呼ぶことにする. ここでは, "広い意味での BCS 理論" が高温超伝導体でも成立していることを, 高分解能 ARPES を用いて見出した研究結果について説明する.

6.3 銅酸化物高温超伝導体

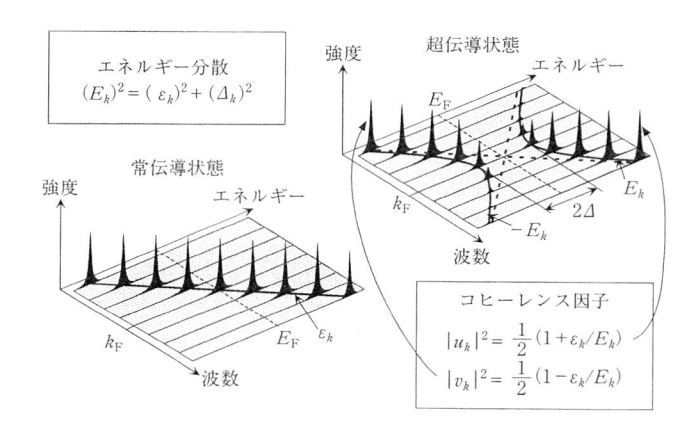

図 6.10 ボゴリューボフ準粒子のバンド分散の形成の模式図
1本のフェルミ準位を切るバンドが,超伝導状態ではフェルミ準位をはさむ2本のバンドに分裂する.またその時,バンドの強度も波数に依存して変化する(コヒーレンス因子).

　超伝導状態では2個の電子が引力相互作用によりクーパー対を形成する.この2電子的描像を,超伝導の引力相互作用を繰り込んだ1電子的描像に変換したものが,**ボゴリューボフ準粒子**(Bogoliubov quasiparticle)であり[34],その存在が"広い意味でのBCS理論"成立の妥当性の検証となる.このボゴリューボフ準粒子を高分解能ARPESで直接観測することに成功した研究について以下に説明する[35].図6.10に,常伝導状態におけるフェルミ準位を切る1本のバンドが,超伝導状態でボゴリューボフ準粒子のバンド分散に変化する様子の模式図を示す.常伝導状態では,フェルミ準位を切る直線的なバンドは,すべての波数(またはエネルギー)で等しい強度(電子密度)を持つ.BCS理論では,これが超伝導状態では,フェルミ準位を挟んだ2本のバンドに分裂しE_Fに到達しないで折り返すことによって,1つの波数(k)に2つのエネルギー状態($E_k, -E_k$)が現れると予言する(これをparticle-hole mixingと呼ぶ).さらにこの時,それぞれのバンドの強度は一定ではなくなり,図6.10に示すように,波数により変化する.ある波数kにおけるフェルミ準位上下の2本のバンドの強度比をそれぞれ$|u_k|^2, |v_k|^2$と書き,**コヒーレンス因子**(coherence

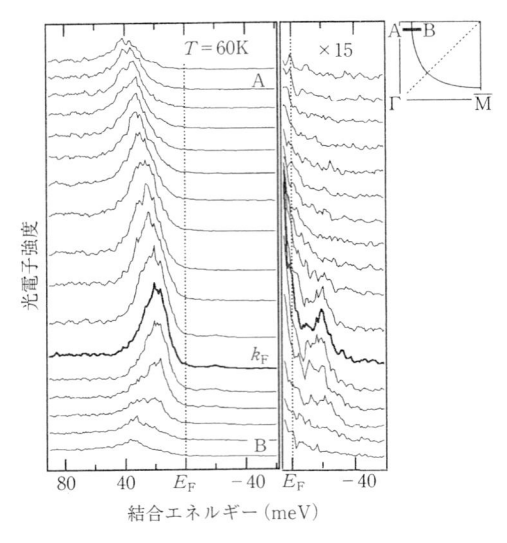

図 6.11 $Bi_2Sr_2Ca_2Cu_3O_{10}$ について，超伝導状態においてそのフェルミ面を切るように（右上の図参照）測定した角度分解光電子スペクトル[35]．右側のスペクトルは E_F 近傍の 15 倍の拡大図．

factor）と呼び，常に $|u_k|^2+|v_k|^2=1$ の関係が成立する．このコヒーレンス因子は 1 電子の生成消滅演算子のユニタリー変換からボゴリューボフ準粒子の生成消滅演算子を定義する（ボゴリューボフ変換）際の係数となっている．

図 6.11 に，$Bi_2Sr_2Ca_2Cu_3O_{10}$ について，そのフェルミ面を切るように（右上図参照）測定した 1 組の ARPES スペクトルを示す．挿入図の点 A から点 B に向かって，バンドがフェルミ準位約 50 meV 下から徐々にフェルミ準位に近づき，フェルミ波数（k_F）で最もフェルミ準位に近づいた後，再びフェルミ準位から離れて高結合エネルギー側に分散していることがわかる．さらに，k_F を過ぎて高結合エネルギー側に折り返した後は，そのバンドの強度が急速に減衰していることもわかる．このスペクトル変化は，図 6.10 に示したボゴリューボフ準粒子のエネルギー分散のフェルミ準位以下の分散（$-E_k$）とよく対応する．一方，フェルミ準位より上のエネルギー領域はどうなっているのだろうか．図 6.11 に示したフェルミ準位より上のエネルギー範囲のスペクトルの拡大図を見ると，何らかの構造があるように見える．光電子分光は占有電子状態，

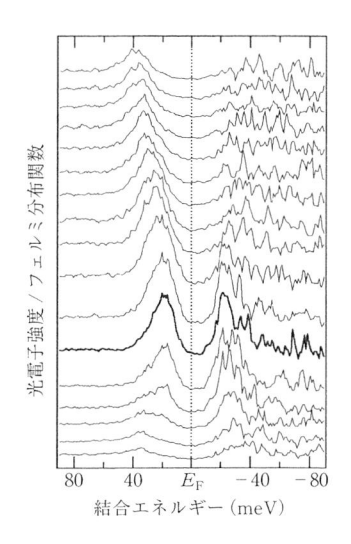

図 6.12　図 6.11 の ARPES スペクトルを 60 K のフェルミ分布関数で割ったもの

つまり絶対零度では E_F より下の電子状態を見る測定法であるが，有限温度での測定では，熱励起により E_F より上の非占有電子状態に励起された電子も観測できる．しかし，その励起確率は**フェルミ分布関数**（Fermi distribution function）で決定され非常に小さい．逆の言い方をすれば，図 6.11 の E_F より上の弱いスペクトル強度は，フェルミ分布関数の裾を使って，光電子分光で E_F より上の電子状態を観測しているともいえる．この方法は，E_F より $3\sim5k_B T$ 程度上の非占有電子状態を光電子分光で観測する有効な方法である．

図 6.11 の ARPES スペクトルにおけるフェルミ分布関数の影響を取り除き，もとのバンド強度を回復させる目的で，ARPES スペクトルをフェルミ分布関数で割ったものを図 6.12 に示す．E_F より上のエネルギー領域に，E_F より下のバンドと対称的でほぼ同程度の強度を持つバンド分散が現れている．この修正されたスペクトル強度を，波数とエネルギーの関数として図 6.13 にプロットした．図には，$d_{x^2-y^2}$ 波を仮定して BCS 理論から計算したボゴリューボフ準粒子のエネルギー分散も示した．エネルギー分散の実験と理論の一致は非常に

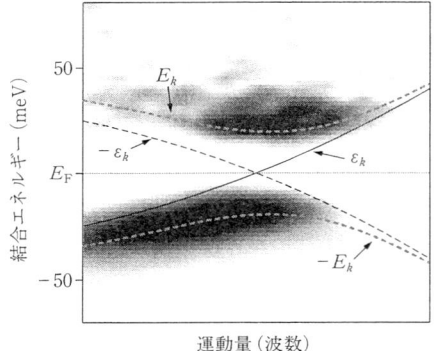

図 6.13 図 6.12 の修正された ARPES スペクトル強度を結合エネルギーと運動量（波数）の関数としてプロットしたもの

色の濃い部分がバンドに対応する．ε_k は実験的に得られた常伝導状態のバンド分散．E_k は BCS 理論より計算されたボゴリューボフ準粒子のバンド分散．

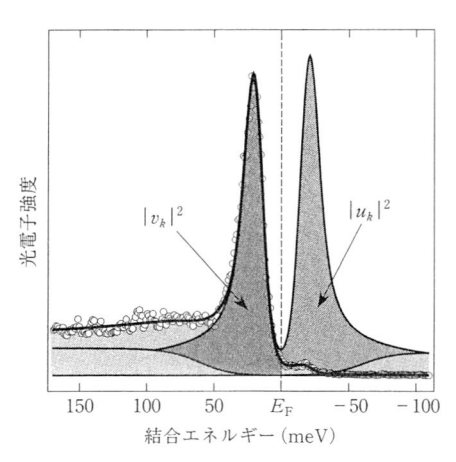

図 6.14 コヒーレンス因子（$|u_k|^2, |v_k|^2$）を実験的に求めるための ARPES スペクトルのフィッテイング

よく，高分解能 ARPES により高温超伝導体におけるボゴリューボフ準粒子の E_F 上下にわたる全エネルギー分散を観測できたことを示している．

さらに"広い意味での BCS 理論"の高温超伝導体における妥当性を検証するために，ボゴリューボフ変換の際の係数（コヒーレンス因子）の実験的決定

6.3 銅酸化物高温超伝導体

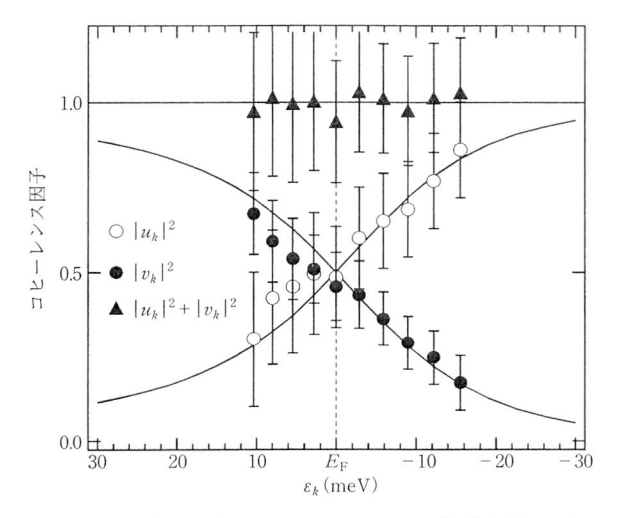

図 6.15 ARPES から実験的に決定されたコヒーレンス因子 ($|u_k|^2, |v_k|^2$) のエネルギー依存性 実線は BCS 理論からの計算結果.

と理論との比較を行う．図 6.12 の修正された（フェルミ分布関数で割った）ARPES スペクトルは近似的に次の 1 電子スペクトル関数で書き表せる．

$$A(k,\omega) = \frac{1}{\pi}\left[\frac{|u_k|^2 \Gamma}{(\omega-E_k)^2+\Gamma^2} + \frac{|v_k|^2 \Gamma}{(\omega+E_k)^2+\Gamma^2}\right] \quad (6.1)$$

ここで，Γ は準粒子の寿命によるスペクトルのエネルギー幅である．式(6.1)を用いてスペクトルをフィッティングすることで（図 6.14），コヒーレンス因子 $|u_k|^2, |v_k|^2$ を波数（またはエネルギー）の関数として実験的に決定することができる．図 6.15 には，ARPES 実験から決定した 2 種類のコヒーレンス因子のエネルギー依存性を，BCS 理論からの計算結果と比較して示した．両者の一致は驚くほどよいことがわかる．さらに，互いに独立に決定した $|u_k|^2, |v_k|^2$ の和が実験的にも常に 1 となっており，BCS 理論からの要請 ($|u_k|^2+|v_k|^2=1$) を定量的に満たしていることもわかる．

以上の高分解能 ARPES の結果は，高温超伝導体の超伝導発現機構が，"広い意味での BCS 理論"の枠組みで理解できることを示している．

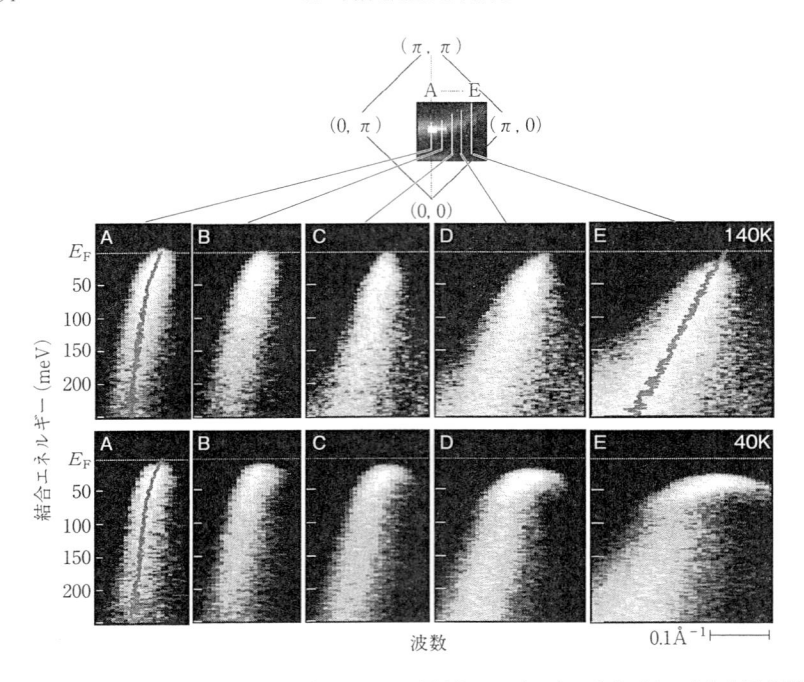

図 6.16 $Bi_2Sr_2Ca_2Cu_3O_{10}$ について，そのフェルミ面を切るいくつかの方向（上の小さな図参照）についての ARPES 測定から決定したバンド分散[36]．
測定は，超伝導転移温度（100 K）の上下の2つの温度（140 K, 10 K）で行っている．

6.3.4 多体相互作用

上述したように，高分解能 ARPES によって，高温超伝導体におけるボゴリューボフ準粒子の存在が確認され，"広い意味での BCS 理論"の妥当性が確立された．その後の研究の目指すところは，クーパー対を形成する引力相互作用（多体相互作用）の起源は何かということになる．第2章で説明したように，電子と結合する多体相互作用（モードと呼ぶこともある）は，フェルミ準位近傍の電子バンド分散に特徴的な構造（折れ曲がり，キンクと呼ぶ）を形成する．フェルミ準位極近傍のエネルギーバンド分散の詳細な研究から，高温超伝導体における引力相互作用の起源を探る研究が進められている．

図 6.16 に，$Bi_2Sr_2Ca_2Cu_3O_{10}$ において，そのフェルミ面を切るいくつかの

方向について ARPES から決定したバンド分散を示す[36]．測定は，超伝導転移点（100 K）の上下の 2 点（140 K, 40 K）で行われている．ブリルアンゾーン中の $(0,0)$-(π,π) 方向に対応するカット A（ノード方向と呼ぶ）の超伝導状態（40 K）のバンド分散を見てみると，約 70 meV 付近でわずかに折れ曲がり（キンク）があることがわかる．これは，70 meV のエネルギーを持つ何らかの多体相互作用が電子に作用していることを示すものである．次に同じ温度で測定する位置を $(\pi,0)$ 点近傍に移動させると，キンク構造は徐々に成長し，カット E（アンチノード近傍と呼ぶ）では明確な折れ曲がり構造を持つ大きなキンクが現れていることがわかる．キンクのエネルギー位置は同様に 70 meV であることもわかる．ここで注意しなければならないことは，$d_{x^2-y^2}$ 波的超伝導ギャップを持つ高温超伝導体では，$(\pi,0)$ 点近傍において超伝導ギャップが開いていることである．超伝導ギャップが開くことによって，キンク構造があるように見えているのではないかとの疑問も生ずる．しかし，前節で見たように，超伝導準粒子であるボゴリューボフ準粒子のバンド分散は，図 6.16 の配置では，"右側"に緩やかに折れ曲がるのみで，カット E で見えているような"左側"への折れ曲がり（キンク）を作ることはない．したがって，カット E のキンク構造は何らかのモードとの相互作用を表している．さらにここで注意すべきは，カット E では E_F 上に約 30 meV の超伝導ギャップが開いていることから，相互作用しているモードのエネルギーは，40 meV（＝70 meV－30 meV）程度であるということである．

次に，バンド分散の温度変化を見てみよう．図 6.16 からわかるように，カット E の大きなキンクは超伝導転移点以上の温度（140 K）では完全に消滅している．キンクの折れ曲がりの大きさから，準粒子の自己エネルギーの実部（Re Σ）を実験的に決定できる．図 6.17 に詳細な温度変化の測定から決定した Re Σ の温度依存性を示す．アンチノードのキンクを形成する準粒子の自己エネルギーが超伝導転移点付近で急速に変化していることがわかる．ノード近傍の小さなキンクはそれほど大きな温度変化を示さない．このことから，ノード付近の小さなキンクとアンチノード付近の大きなキンクは異なる起源を持つと考えられる．図 6.18 に示すように，各モードの持つ運動量の大きさと方向の議論

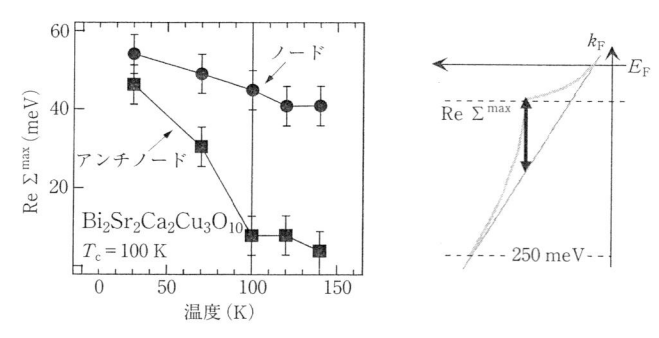

図 6.17 ARPES スペクトルの詳細な温度変化の測定から決定したノードおよびアンチノード付近の準粒子自己エネルギーの実部 (Re Σ) の温度依存性[36]

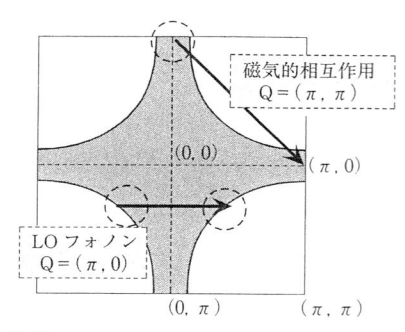

図 6.18 高温超伝導の起源と考えられている代表的な2つのモード（磁気的相互作用，LO フォノン）の持つ運動量の大きさと方向
　　　　 磁気的相互作用はアンチノード付近に，LO フォノンはノード付近に影響する．

から，ノード付近のキンクは LO フォノンに，アンチノード付近のキンクは磁気的相互作用に帰属することができ，超伝導発現にはアンチノード付近の磁気的相互作用が関与していると考えられる．現在，それぞれのキンクの起源と，その超伝導発現機構への関与について精力的な研究が進められている．

6.4　金属系高温超伝導体 MgB_2

2001 年に超伝導体であることが発見された MgB_2（2ホウ化マグネシウム）

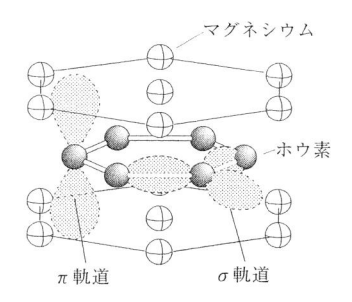

図 6.19 金属系高温超伝導体 MgB_2 の結晶構造とホウ素 2p 電子軌道の模式図

は，金属系超伝導体として最高の超伝導転移温度（$T_c=39$ K）を持つ．図 6.19 に示すように，MgB_2 は，炭素より価電子が 1 個少ないホウ素（B）がグラファイトと同様な蜂の巣格子を組み，その面間にマグネシウム（Mg）が挟まれた結晶構造を持つ．Mg 原子より B 原子に電子が移動することにより，MgB_2 は基本的にグラファイトと同様な π および σ 軌道からなる電子構造（図 6.19）を持つと推測される．この MgB_2 で，グラファイト化合物よりもはるかに高い温度での超伝導が観測され，その起源について研究が行われた．

初期の焼結体多結晶を用いた実験からは，フォノンを媒介とした等方的な s 波超伝導との提案がなされたが，単結晶を用いた実験が行われると，単純な BCS 理論では説明できない様々な異常物性が観測され，多くのバンドがフェルミ準位を切り，それらが異なる超伝導ギャップを形成する"多重ギャップ超伝導体"の提案がなされた．ARPES はフェルミ準位を切るそれぞれのバンドの超伝導ギャップの開閉を直接観測できるため，この提案の検証には最適の実験手段である．

図 6.20 に，MgB_2 のブリルアンゾーン ΓK 方向に測定した高分解能 ARPES スペクトルとその結果から描き出したバンド構造を示す[37]．図に示すように，π および σ バンドと表面バンドの 3 本のバンドが E_F を切っていることがわかる．π バンドはグラファイトと同様に K 点近傍で E_F を切っているが，σ バンドはグラファイトの場合と異なり E_F を切りフェルミ面を形成していることがわかる．Γ 点周りのバンドが表面バンドであることは，前述した AlB_2 の X 線

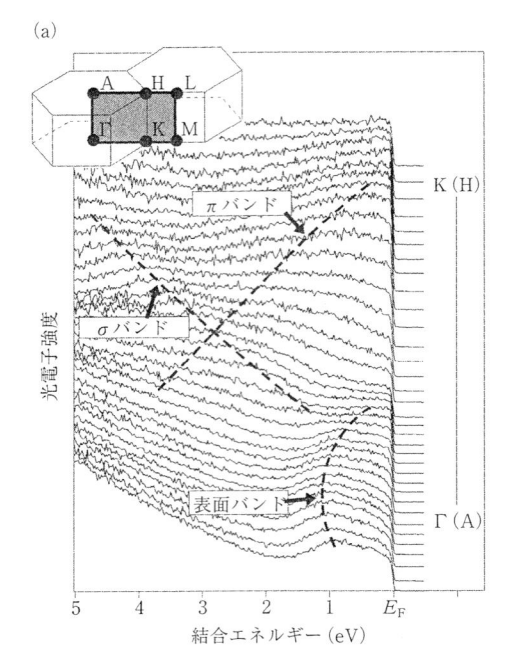

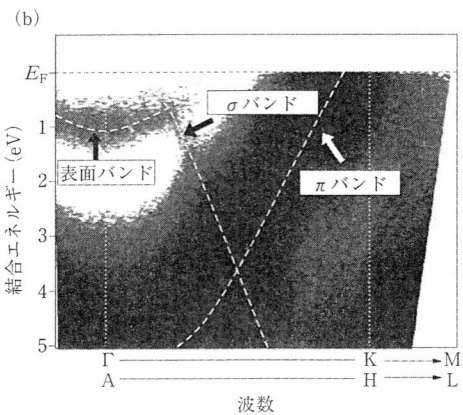

図 6.20 (a) MgB$_2$のブリルアンゾーン ΓK 方向に測定した高分解能 ARPES スペクトルと，(b) その結果から描き出したバンド構造[37]

6.4 金属系高温超伝導体 MgB$_2$

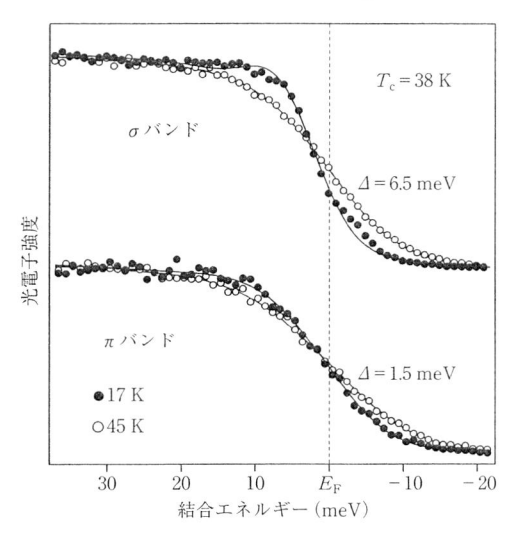

図 6.21 MgB$_2$ のフェルミ準位を切る 2 本のバンド（σ および π バンド）について，超伝導転移温度の上下で測定した E_F 近傍の ARPES スペクトル[36]

ARPES の結果（図 4.13）からもわかる．

次に，σ および π バンドでどのような超伝導ギャップが開くかを精密に調べるために，それぞれのバンドが E_F を切る位置で超伝導転移点の上下で ARPES スペクトルを測定した．その結果を図 6.21 に示す．図から明らかなように，σ バンドでは $\Delta = 6.5\,\mathrm{meV}$ の超伝導ギャップが開いているのに対し，π バンドでは $\Delta = 1.5\,\mathrm{meV}$ の小さなギャップしか開いていない．この結果は，σ バンドが π バンドに比べ極めて大きな超伝導への寄与を持っていることを示す．このことは，ホウ素面内の E_{2g} フォノンと σ 軌道の強い電子-フォノン結合が高い超伝導転移点の原因であるとする「2 バンド超伝導モデル」の提案と合致する．

この MgB$_2$ の例のように，高分解能 ARPES は，E_F を切るそれぞれのバンドについて，その超伝導ギャップを独立に観測することが可能であり，超伝導機構の解明に大きな情報を与える．

6.5 1次元金属（スピンと電荷の分離）

1次元電子系においては，電子の運動が1方向のみに限られることから電子同士が避け合うことができず，電子間相互作用が系の性質を支配する結果，通常の3次元金属におけるフェルミ液体論が破綻し，朝永-ラッティンジャー液体に変化すると考えられている[38]．朝永-ラッティンジャー液体における低エネルギー励起は，通常のフェルミ液体金属におけるような，電荷eとスピン1/2を持つ準粒子によるものではなく，電子の持つスピンと電荷の自由度がそれぞれ独立な素励起として振る舞うことが理論的に予言されている[39]．この現象は「スピンと電荷の分離」と呼ばれ，スピンの励起をスピノン，電荷の励起をホロンと呼ぶ．この「スピンと電荷の分離」をARPESで観測した結果について説明する[40]．

図6.22にSr_2CuO_3の結晶構造を示す．c軸方向に酸素(O)を介して銅(Cu)の1次元鎖が伸びていることがわかる．このままではCuO鎖は絶縁体であるが，ここに光電子分光（外部光電効果）を用いて，CuO鎖から電子を1個取り出すことを考える．すると図6.23に示すように，CuO鎖にホールがドープ

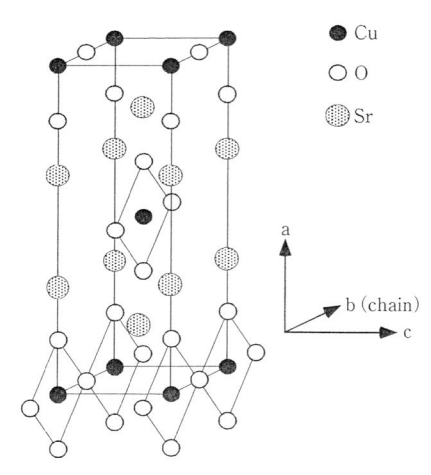

図6.22 1次元結晶構造を持つSr_2CuO_3

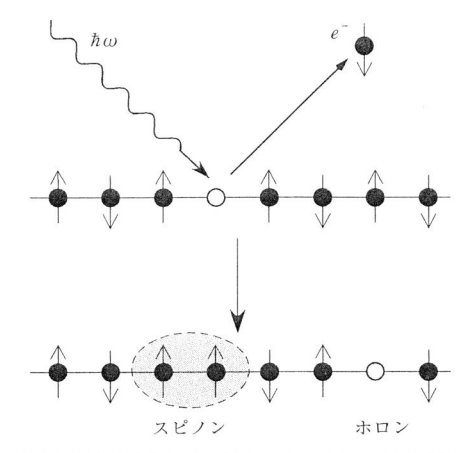

図 6.23　1次元強相関電子系からの光電子放出とそれに伴うスピノンとホロンの生成

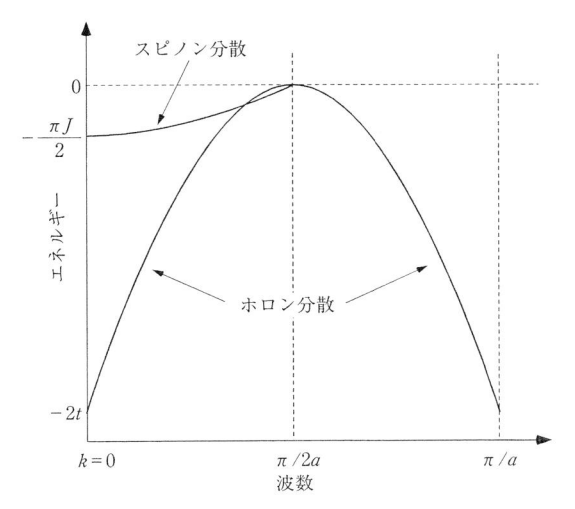

図 6.24　スピノンとホロンのバンド分散

された結果となり，その光電子スペクトルは1次元金属の電子状態についての情報を与えることになる．光電子放出はホールをドープすることと，それを観測するという2つの役目を持っていることになる．

　図6.24に理論的に予言されているスピノンとホロンのエネルギー分散を示

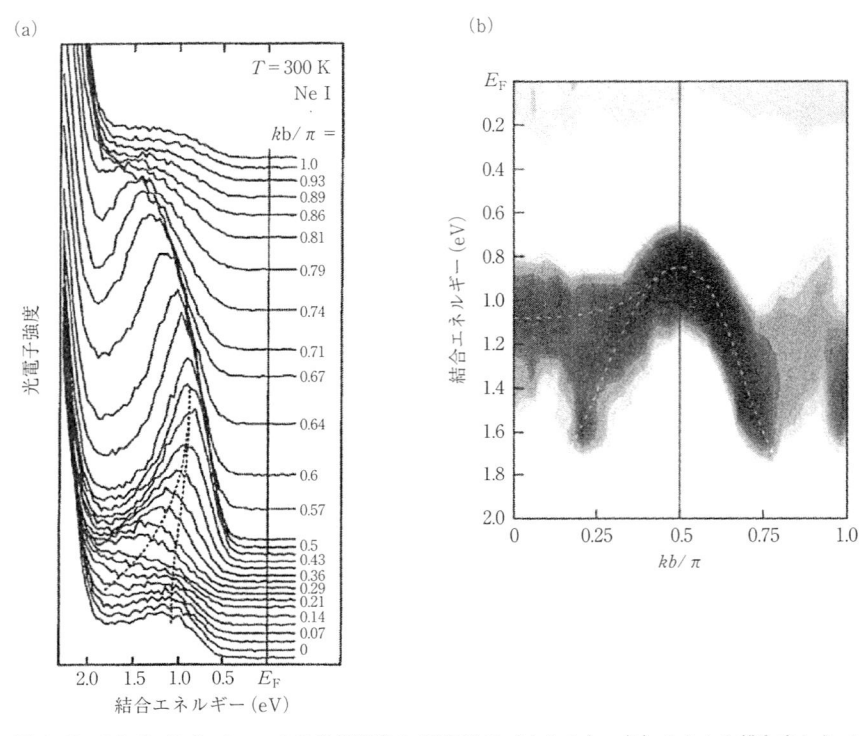

図 6.25 (a) Sr_2CuO_3 のフェルミ準位近傍の ARPES スペクトルと，(b) それから描き出したバンド分散[40]

す[41]．ホロンとスピノンのエネルギーは，それぞれホッピングエネルギー（t）と交換相互作用（J）に関係するため，それぞれのバンドの幅は，ホロンが $2t$，スピノンが $\frac{\pi}{2}J$ となる．特徴的なことは，スピノンのバンド分散が，$0<k<\pi/2$ の領域に限られ，$\pi/2<k<\pi$ の領域では存在しないことである．このバンドの振る舞いは通常の1電子バンドでは起こり得ず，スピンと電荷の分離の観測の決め手となる．

図 6.25 に，Sr_2CuO_3 単結晶について，その CuO 鎖方向で測定した ARPES スペクトルと，そのスペクトル強度をエネルギーと波数の関数としてプロットすることで描き出したバンド分散を示す．図からわかるように，$0<k<\pi/2$ の波数領域では，ほとんど分散を示さないバンドと大きな分散を示す2本のバン

ドが観測される．一方，$\pi/2<k<\pi$ の領域においては，$0<k<\pi/2$ の領域で観測された大きな分散を示すバンドと $k=\pi/2$ で折り返した対称的なバンドが観測されるのみである．このように，観測されたバンド分散は，スピンと電荷の分離の起きている 1 次元電子系について予言されたバンド分散（スピノンおよびホロンのバンド分散）と定性的によく一致し，Sr_2CuO_3 という現実の物質で，確かにスピンと電荷の分離が起きていることが確かめられた．それぞれのバンドの幅から見積もられる t および J の値はそれぞれ，$t=0.5$ eV, $J=0.15$ eV であり，他の実験との一致はよい．

6.6 重い電子系

4f または 5f 電子を最外殻に持つランタノイドまたはアクチノイド化合物は非常に複雑なフェルミ面構造を持つと同時に，フェルミ面上の電子が非常に大

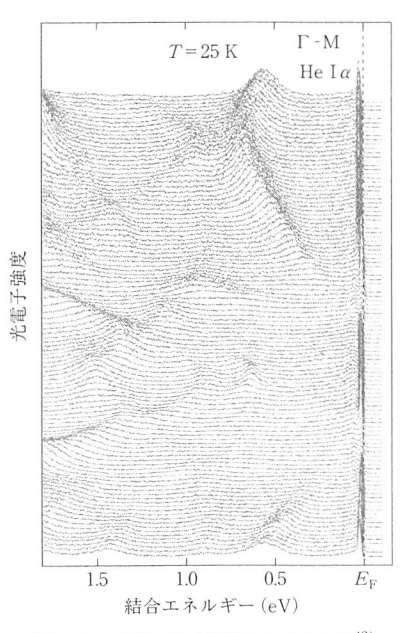

図 6.26 USb_2 の ARPES スペクトル[42]

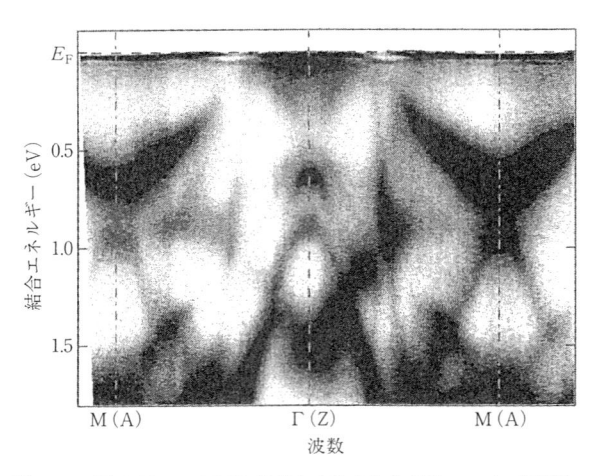

図 6.27 図 6.26 の ARPES 測定から決定した USb$_2$ のバンド構造

きな有効質量（重い電子）を持つことが知られている．この"重い電子"が，様々な特異な物性発現の原因となっていると考えられている．これらの物質系における重い準粒子（電子）がどのようにして形成されているかを高分解能 ARPES で研究した結果について説明する．

図 6.26 に，USb$_2$ について測定したフェルミ準位近傍の高分解能 ARPES スペクトルを示す[42]．E_F より 2 eV の範囲でありながら非常に多くのバンドが分散していることがわかる．特徴的なことは，E_F に非常に鋭いピーク（バンド）がほとんどすべての波数（角度）で存在していることと，E_F より深いエネルギー領域に数本の分散の大きなバンドが存在していることである．励起光のエネルギーを変化させて光励起断面積の違いを利用した測定から，E_F 上の鋭いピークは U5f 準位に，深いエネルギー領域で大きく分散しているバンドは Sb5p バンドに帰属される．図 6.27 には，スペクトル強度を波数とエネルギーの関数としてプロットすることで描き出した USb$_2$ のバンド構造を示す．非常に多くのバンドが，ブリルアンゾーンの周期に従って規則正しく整然と分散している様子が観測される．ここで注目すべきは，E_F 近傍の分散を示さないように見える U5f バンドが，一部の波数領域で消滅しているように見えること

6.6 重い電子系

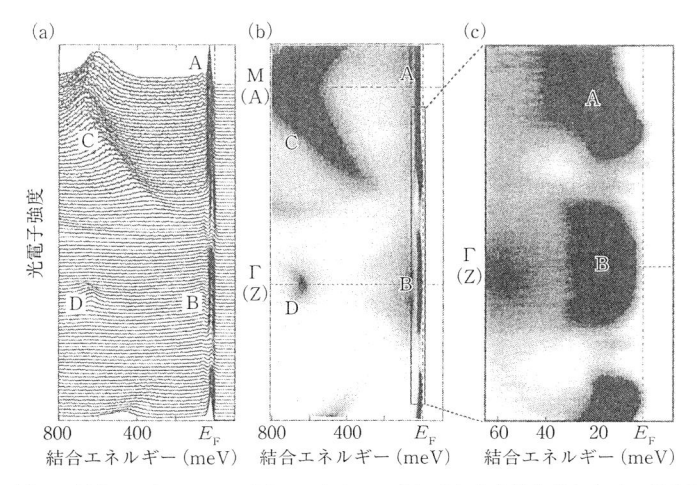

図 6.28 (a) E_F 近傍の USb$_2$ の ARPES スペクトル，(b) それから描き出したバンド分散，(c) E_F 極近傍のバンド分散の拡大図

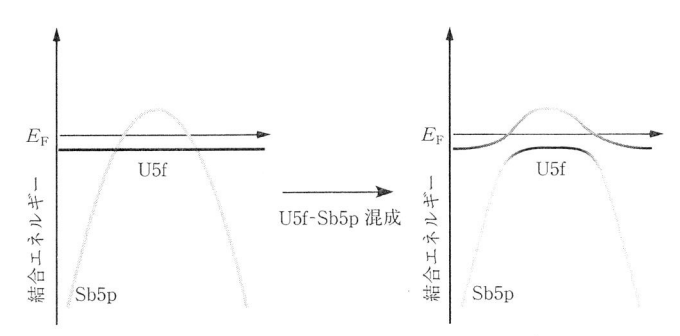

図 6.29 USb$_2$ における重い遍歴電子形成の模式図
局在的な U5f 電子と遍歴的な Sb5p 電子が混成して新たな重い電子バンドを作る．

である．

図 6.28 に E_F 極近傍の ARPES スペクトルと，それから描き出したバンド分散を示す．E_F 上に非常に幅の狭い U5f バンド（バンド A および B）と分散的な Sb5p バンド（バンド C および D）が観測され，E_F 上の U5f バンドが一部の波数で消滅していることが，よりはっきりと観測される．ここでバンド C に注目すると，M（A）点から Γ（Z）点に向かって E_F に近づくように分散

していることがわかるが，E_F 付近で U5f バンドであるバンド B に接続しているように見える．E_F 極近傍をさらに拡大して示した図 6.28（c）を見ると，それがはっきりと観測される．分散を示さないと考えていた U5f レベル（バンド）が，一部で消滅して，その両端で片方のバンド（バンド A）は上向きに折れ曲がって E_F を横切り，もう片方のバンド（バンド B）は下向きに折れ曲がって Sb5p バンドと接続している．この様子を模式的に示したのが図 6.29 である．このように，高分解能 ARPES は，フェルミ準位近傍で局在していた U5f レベルが，遍歴的な Sb5p バンドと混成してバンドの組み替えを起こし "遍歴性" を獲得し，E_F 近傍に "重い電子バンド" を形成していることを明確に観測している．

6.7 グラフェン

グラフェン（graphene）とはグラファイトの 1 層を取り出したもので（図 6.30），炭素原子が蜂の巣構造を組んだ独立した 1 層の炭素原子層のことをいう．このグラフェン中の電子が，見かけ上 "質量ゼロ" の粒子（ディラック粒子）として振る舞い，超高速で結晶中を移動することから，超高速電子デバイスへの応用などから大きな注目を集めている．このグラフェンを超高真空中で作成し，その ARPES 測定を行った結果について紹介する．

グラフェンは，sp^2 混成軌道である σ 電子と p_z 軌道の π 電子により，その電子構造が形成される．このグラフェンのブリルアンゾーンの K 点で，π バ

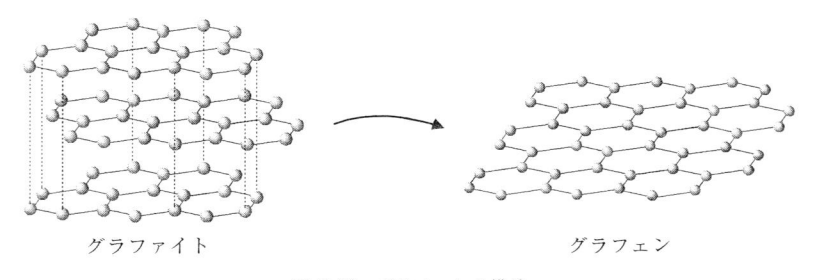

図 6.30 グラフェンの構造

ンドと π* バンドが接し，ゼロギャップ半導体となることが理論的に予言されている[43]．この際，両者のバンドがフェルミ準位近傍で直線的な分散を示し，バンドのエネルギーが運動量の 1 次関数となる[44]．通常，自由電子的バンドは，$E=p^2/2m$（p：運動量）で表される放物線的なバンド分散を示すことを考えると，この線形バンド分散は非常に特異なものであることがわかる．一方，相対論的効果を取り入れた電子の分散関係はディラック方程式に従うため，光速 c に近い速度で運動する運動量 p の粒子のエネルギーは $\varepsilon=\sqrt{m^2c^4+c^2p^2}$ で与えられる．この式における静止質量 m を 0 にすると，$\varepsilon=c|p|$ という直線的な分散関係が得られる．このような特異な分散関係を持つ電子を，ディラック方程式における静止質量ゼロの素粒子（例えば，ニュートリノ粒子）との類似性から，ディラックフェルミオンと呼び，そのエネルギー分散形状をディラックコーンと呼ぶ．このディラックコーン的な分散がグラフェンで実現されているのかが大きな議論となっている．

グラフェンの作成手法には，剥離法を代表として様々な方法があるが，比較的大面積の試料を必要とする光電子分光では，エピタキシャル成長を用いて育成する脱離法が適している．この方法は，ワイドギャップ半導体である炭化硅素 (SiC) 単結晶を真空中または Ar ガス雰囲気中で高温加熱することによって，その表面にグラフェン薄膜を作成する方法である．図 6.31 に，(a) グラフェン/SiC と (b) グラファイト/SiC の価電子帯の ARPES スペクトルを示す．ここでいう"グラファイト"とは，加熱温度・時間を制御して積層数を大幅に増やした"多層グラフェン"であり，バルクのグラファイトと同等であると考えられる．図 6.31 から明らかなように，両者ともに，複数のピーク構造が角度（波数）に対応して大きくエネルギー位置を変えており，バンド分散が明確に現れている．これらのバンドのうちの 1 本は，K 点に近づくにつれて急速にフェルミ準位に接近し，K 点付近でのみ明瞭なフェルミ端が観測され，フェルミ面を形成していることがわかる．ARPES スペクトルの二階微分強度を結合エネルギーと波数の関数としてプロットして，グラフェンとグラファイトの価電子帯のバンド構造を詳細に描き出したものが図 6.31 (c), (d) である．両者において，Γ 点で約 8 eV に底を持ち K 点でフェルミ準位を切る π バンドと，

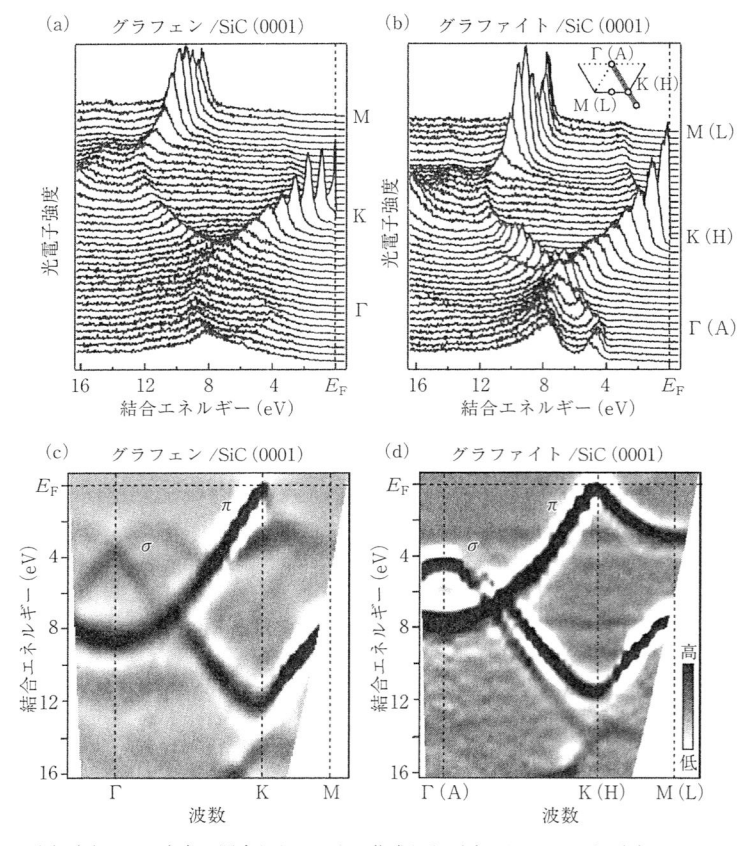

図 6.31 (a)(b) ΓKM 方向で測定した SiC 上に作成した (a) グラフェンと (b) グラファイトの高分解能 ARPES スペクトル，(c) グラフェンと (d) グラファイトのバンド構造

Γ 点 4 eV 周辺で頂点を持ち K 点 12 eV 周辺に底を持つ σ バンドが，明確に観測されている．さらにグラフェンにおいては，約 3〜4 eV で K 点に向かいながら小さく分散しているバンドが観測されるが，このバンドは計算では予測されていない．この構造は，グラフェンの p_z 軌道と SiC 基板が強く結合して形成されるバッファー層に由来するものと考えられる．

図 6.32 (a) に，ARPES から決定したグラフェンの K 点周辺における詳細なバンド構造を示す．図 6.32 (b) には，K 点で測定した ARPES スペクトル

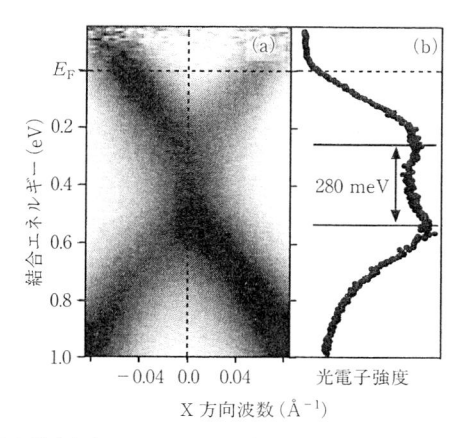

図 6.32 (a) ARPES から決定したグラフェンの K 点周辺の E_F 近傍のバンド構造，(b) K 点におけるARPES スペクトル

を示す．図からわかるように，π バンドと π* バンドとも，理論の予想通り K 点を対称としてほぼ直線的なエネルギー分散を示している．しかし理論と異なる点もいくつか観測される．まず，π バンドと π* バンドが接するエネルギー（ディラックエネルギー，E_D）が，理論ではフェルミ準位に位置するのに対し，ARPES 結果ではフェルミ準位から 0.4 eV 下方にシフトしている．これは，SiC 基板からの電子ドープによる化学ポテンシャルのシフトによるものと考えられる．さらに，理論的には，π バンドと π* バンドが K 点で接することが予想されるのに対し，実験では，π バンドと π* バンドの間にエネルギーギャップが観測されていることである．ARPES スペクトルからも明らかなように，π バンドと π* バンドの間に約 280 meV のエネルギーギャップが開いている．このエネルギーギャップの起源に関しては，バッファー層との相互作用が考えられるが，今後のさらなる研究が待たれる．

6.8 表面電子系

6.8.1 電子-格子結合：Be 表面

高分解能 ARPES は，バンド分散やフェルミ面などの基本的な電子構造を決定できると同時に，電子系における相互作用の情報を与えることができる．その相互作用の効果は，E_F 近傍や k_F（フェルミ波数）近傍に顕著に現れ，ARPES スペクトルに影響を及ぼす．相互作用のエネルギーは，物性を左右する E_F から数 100 meV 程のエネルギースケールで特徴付けられるため，従来型光電子分光のエネルギー・運動量分解能では精密な議論が難しかったが，近年の高分解能化によりそれらが可能となってきた．

図 6.33 に，Be (0001) 表面の Γ 表面バンドの k_F 近傍における ARPES スペクトルを示す[45]．この表面由来のバンドは，バルクバンドとよく分離されていることから理想的な2次元電子気体として振る舞い，表面フォノンと電子が強く結合してバルクとは大きく異なる表面電子状態を実現していると考えら

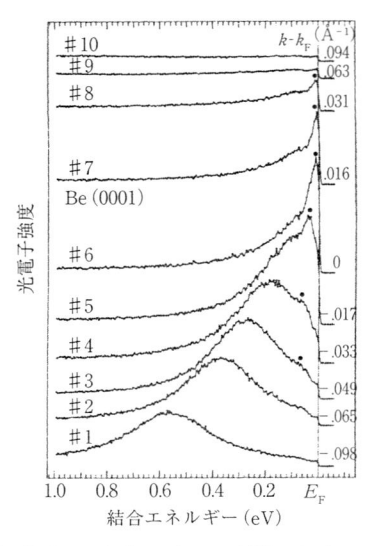

図 6.33　Be (0001) 表面の Γ 表面バンドの k_F 近傍における ARPES スペクトル[45]

れている．E_F 近傍の実験結果には，1 電子描像では全く説明できないスペクトル構造が出現している．ARPES スペクトルを詳細に見てみると，高結合エネルギー側から E_F に近づく幅の広い大きな構造（スペクトル #1〜#5）の他に，E_F ごく近傍数十 meV の範囲で，ほとんど分散のない小さな鋭い構造（スペクトル #3〜#8）が出現していることがわかる（図中黒丸）．この鋭い構造は，強い電子–フォノン結合により形成された準粒子ピークに帰属される．電子–格子相互作用のため電子の有効質量が増大し，それに対応する分散の小さいバンドが E_F 近傍に出現する．単純な 1 電子描像では，ある波数には状態が 1 つしか存在しないことを考えると，2 つの際だった構造が同じ波数で同時に出現することは，強い相互作用が電子に働いていることの直接的証拠である．

このように，フォノンなどのモードと電子が強く相互作用する場合は，スペクトル形状には特徴的な 2 つ（もしくはそれ以上）の構造が現れ，同時にその

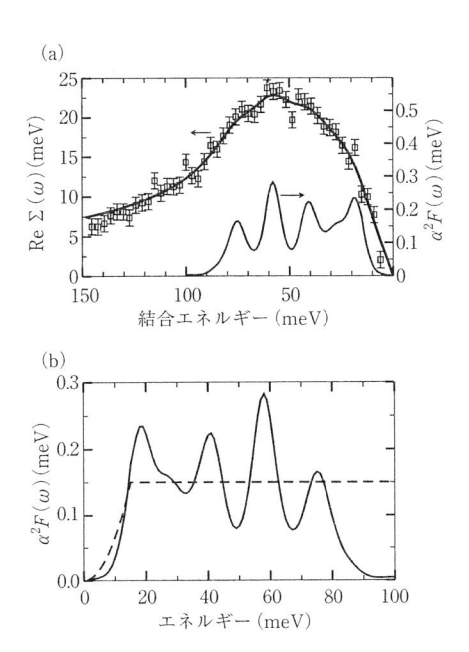

図 6.34 (a) Be (1010) における表面バンドの分散から得られた自己エネルギーの実部 $\mathrm{Re}\,\Sigma(\omega)$ と，(b) その解析から得られた Eliashberg 関数[47]

バンド構造に急激な"折れ曲がり（キンク構造）"が生じる．このキンク構造を精密に測定することで，電子と相互作用するフォノンのスペクトル関数，エリアシュベルグ（Eliashberg）関数 $(\alpha^2 F(\omega))$[46]，を直接決定することができる．図 6.34 に，Be（1010）における表面バンドから得られた自己エネルギーの実部 $\mathrm{Re}\,\Sigma(\omega)$ を示す[47]．図中実線は最大エントロピー法を用いて実験結果をフィットしたものであるが，実験結果をよく再現していることがわかる．この解析から得られたエリアシュベルグ関数（図 6.34）には，40，60，75 meV 付近に特徴的なピーク構造が現れており，それらはフォノン分散の第 1 原理計算の結果とよく一致している．

6.8.2　表面 1 次元金属鎖のパイエルス転移：In/Si 系

半導体表面に金属を蒸着すると，その金属が下地の半導体の表面構造に影響されて，様々な構造を形成することが知られている．Si（111）7×7 表面にインジウム（In）を 1.2 単原子層程度蒸着すると，図 6.35 に示すように，ジグザグ構造を持つ 1 次元鎖（チェイン）が形成される．この 1 次元金属の金属-絶縁体転移（**パイエルス転移**，Pierls transition）を ARPES で直接観測した結果について説明する[48]．

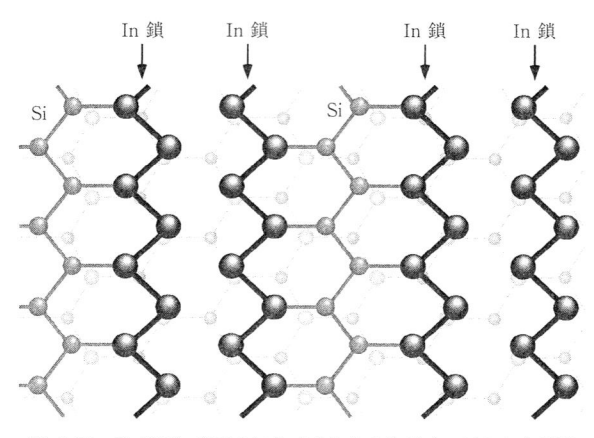

図 6.35　Si（111）表面上に作成された 1 次元インジウム金属鎖

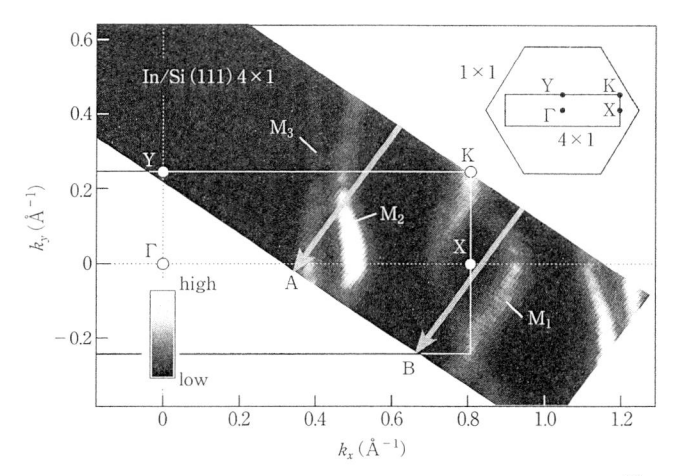

図 6.36 ARPES から決定した 1 次元インジウム金属鎖のフェルミ面[48]

図 6.36 は，作成した In/Si 表面について室温（295 K）で測定した ARPRS スペクトルから描き出したインジウム金属鎖のフェルミ面である．ARPES スペクトルのフェルミ準位近傍の強度を，波数 k_x, k_y の関数としてプロットしたもので，明るい部分がフェルミ面に対応する．図からわかるように，3 個の開いたフェルミ面（m_1, m_2, m_3）が観測されるが，それらはいずれも実空間のインジウム鎖に対して直交した方向に走っており，インジウム鎖金属の 1 次元性を示している．しかし，フェルミ面（線）が直線でなくわずかに湾曲していることは，鎖間に有限の相互作用（2 次元金属的性質）もあることを示している．

図 6.37 に，図 6.36 に示す 2 つの方向（カット A, B と呼ぶ）について，温度を変化させながら測定した ARPES スペクトルを示す．カット A では，室温（295 K）においては，2 つのフェルミ面（m_1, m_2）に対応する 2 本のバンドが観測され，それらがブリルアンゾーンの K 点近傍でフェルミ準位を切り，2 つのホール的フェルミ面を形成していることがわかる．一方，カット B においては，295 K のスペクトルでは，ブリルアンゾーンの X 点を中心とした電子的なバンドが観測され，それが電子的なフェルミ面 m_3 を形成していることがわかる．温度を徐々に下げていくと，いずれのカットにおいても 120〜110

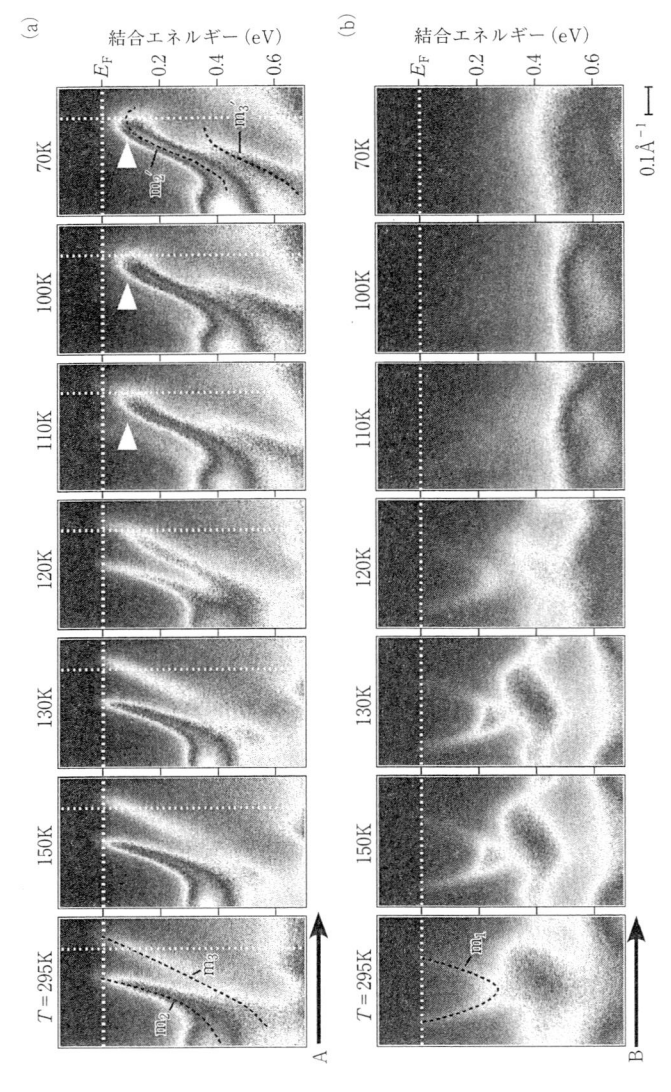

図 6.37 (a)(b) 図 6.36 中のカット A および B で測定した ARPES スペクトルの温度変化[48]

K 付近で，電子状態に変化が起きている．カット A では，フェルミ準位に到達していた 2 本のバンドが消滅または下降し，フェルミ準位に到達せずに折り返すバンドが出現している（白矢印参照）．カット B においては，電子ポケットを形成していたバンド m_3 が 110 K 付近でほぼ消滅している．両方のカットに共通していることは，110 K 付近においてはフェルミ準位を切るバンドが存在していないことであり，インジウム鎖が絶縁体に変化したことを示している．この ARPES 測定は，インジウム 1 次元金属鎖が，110 K 付近でパイエルス転移を起こし，金属から絶縁体に変化したことを明確に示している．

6.9 スピン分解高分解能光電子分光

スピン分解光電子分光については，4.4 節でその概略を説明したが，そこでも説明したように，スピン検出の効率が非常に低く，その結果として高エネルギー分解能の測定が困難であった．具体的な数値をあげると，非スピン分解の測定が現段階では 1 meV を切るところまできているのに対し，スピン分解のそれは 100 meV が現状であった．しかし，スピントロニクスに代表される電子スピンを利用した様々なデバイスやそのための材料開発からの強い要請を受けて，スピン分解光電子分光のエネルギー分解能が最近急速に上昇している．この節では，高エネルギー分解測定を達成しつつあるスピン分解光電子分光の現状といくつかの測定例を説明する．

6.9.1 高エネルギー分解能スピン分解光電子分光装置

図 6.38 に，高エネルギー分解能スピン分解光電子分光装置の一例を示す[49]．この装置の大きな特徴は，非スピン分解測定時の 2 次元検出器（MCP）を用いた高効率（高分解能）測定とスピン分解測定を両立させているところにある．前述したスピン分解装置（図 4.14）では，非スピン分解測定時に用いていた 2 次元電子検出器（MCP）を取り払って，その代わりにモット検出器を取り付けていた．この方法では，測定モードとしてスピン分解測定のみしか選択できず，MCP 使用時に対して非常に効率の低い測定しかできなかった．図 6.38

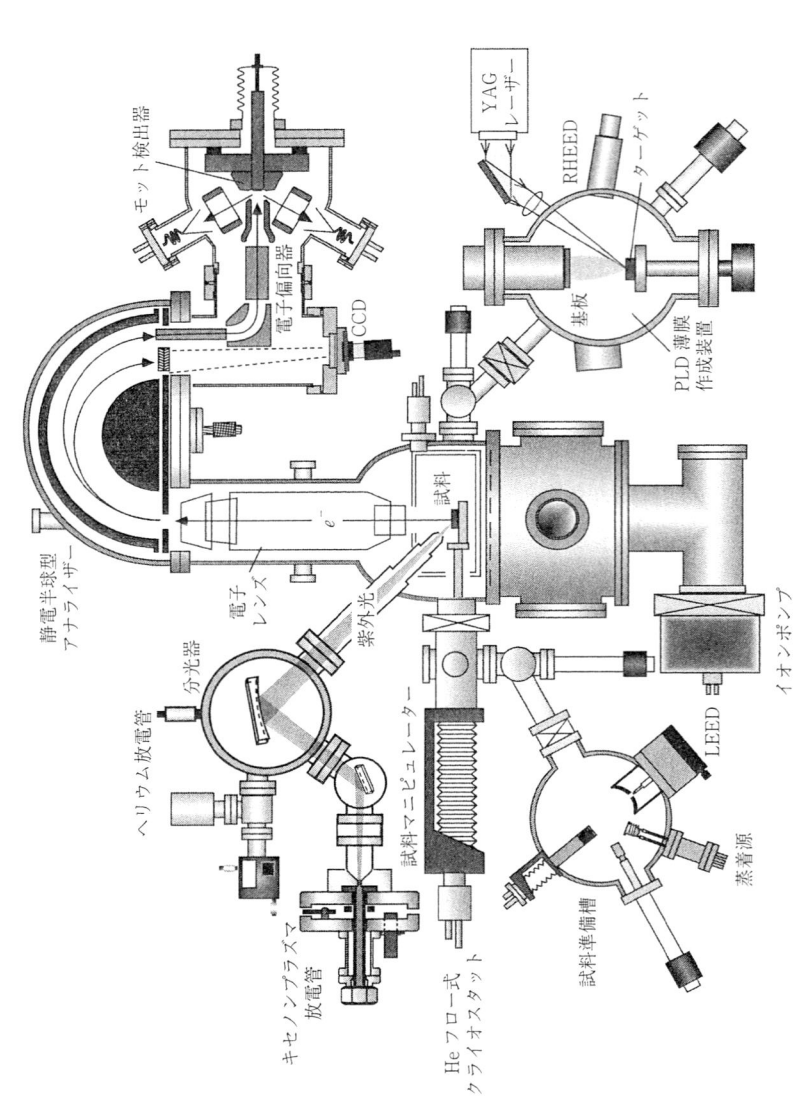

図 6.38　高エネルギー分解能スピン分解光電子分光装置[19]

6.9 スピン分解高分解能光電子分光　　　　　　　　　　　　　　　117

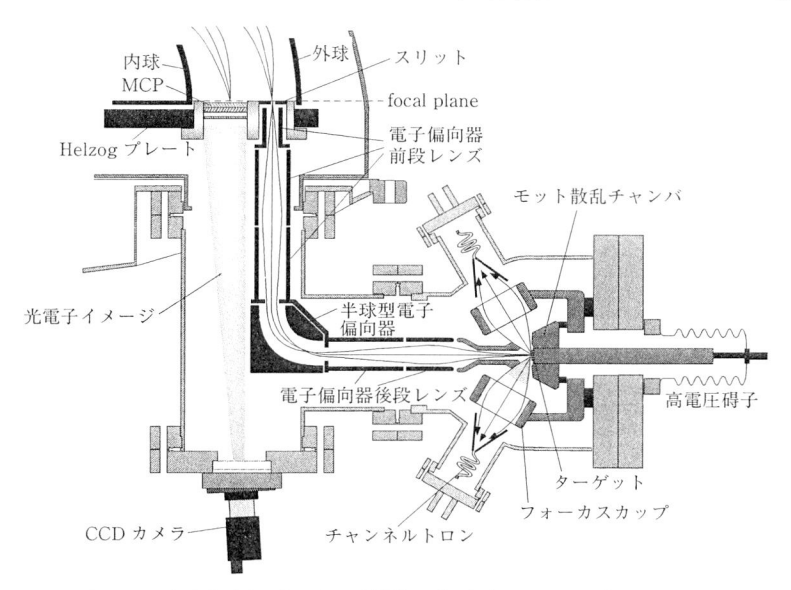

図 6.39　半球型電子エネルギー分析器，電子偏向器，モット検出器の配置

に示した新型装置では，アナライザーの出口の MCP を取り払わず，MCP をアナライザーの内球側にシフトさせ，その分あいた外球側に小さな穴を開けて電子を通してスピン検出器に導くというものである．この方法のメリットは，1 台の装置で，スピン分解と非スピン分解の両方の測定が可能であることに加え，非スピン分解測定時の高効率（高エネルギー分解能）測定が保持されることである．しかし，MCP の位置がアナライザーの内球と外球の中央にないため，電子レンズパラメーターの再調整が必要である．

　本装置では，アナライザーの出口（直径 4 mm の穴）から出た電子は，図 6.39 に示すように，偏向器（deflector）により 90°偏向されてからモット検出器に入射する．電子を 90°偏向させる理由は，前述したように（4.4 節），試料の x, y, z，3 方向のスピン偏極度を決定するためである．図 6.40 に，本装置で使用されているモット検出器の概要を示す．このモット検出器の大きな特徴は，金ターゲットで散乱された電子をできるだけ大きな立体角で捕獲して検出しようとするところにある．大きな立体角といっても，それには物理的な限

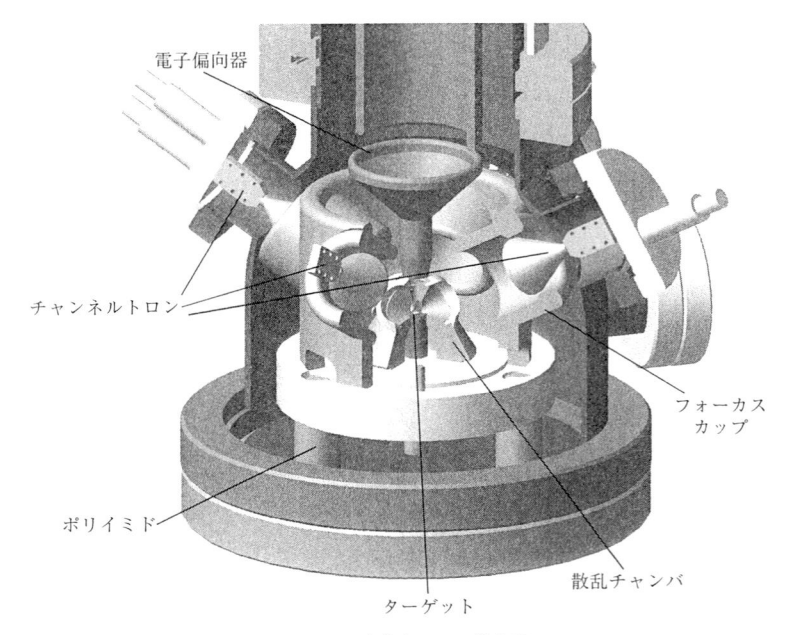

図 6.40 高効率モット検出器

度もあるが，重要なことは，散乱電子のスピン偏極度と散乱角度の関係を与える有効シャーマン関数が比較的平坦な最大限度の大きな立体角を用いることである．本装置では，±20°に設定してある．現在，本装置は，非スピン分解測定時 1 meV，スピン分解測定時 8 meV のエネルギー分解能での定常的測定が可能である．

6.9.2　表面におけるスピン軌道相互作用分裂：表面 Rashba 効果

表面準位の1つであるショックレー準位は，無限の結晶を半無限にしたことによる対称性の破れによって形成され，表面射影されたバルクバンドのギャップ内の狭い波数空間領域に存在する．このため，波動関数が表面近傍に強く束縛されるため，2次元自由電子系における電子状態研究の格好の研究対象となっている．

図 6.41 に，Au (111) 表面の高分解能 ARPES から決定した，ショックレー

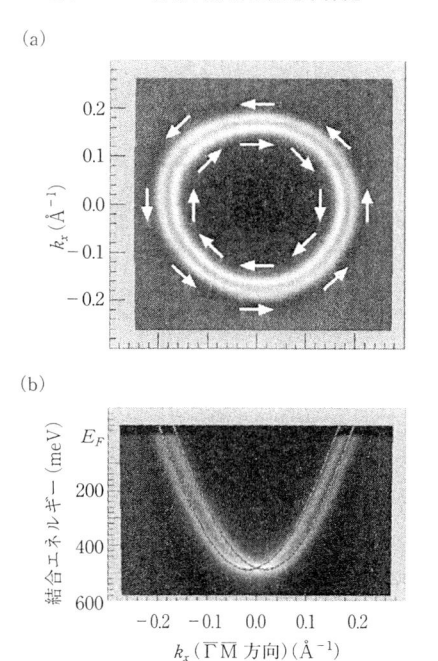

図 6.41 Au（111）表面の高分解能 ARPES から決定した，ショックレー準位がブリルアンゾーン中 Γ 点近傍に作る（a）フェルミ面と（b）そのバンド分散[50]

準位がブリルアンゾーン中 Γ 点近傍に作るフェルミ面を示す[50]．ARPES スペクトルの E_F 上の強度を，2 次元的な波数の関数としてプロットしたもので，図の明るい部分がフェルミ面に対応する．単純な 2 次元自由電子気体モデルでは，1 枚の円形のフェルミ面が予想されるのに対して，得られた実験データでは大きさの異なる 2 つのフェルミ面が観測されている．このフェルミ面を形成するバンドのエネルギー分散を見てみると，2 本の放物線的なバンドが非常に近い波数とエネルギー領域に隣接して存在していることがわかる．これら 2 つのバンド（フェルミ面）は，スピン軌道分裂によって生じたものであると結論されている．スピン軌道分裂は，シュレディンガー方程式の相対論補正の項から導かれ，軌道角運動量（L）とスピン角運動量（S）の積 $L \cdot S$ と近似される．したがってスピン 2 重縮退したバンドは軌道角運動量に対して平行と反平行の

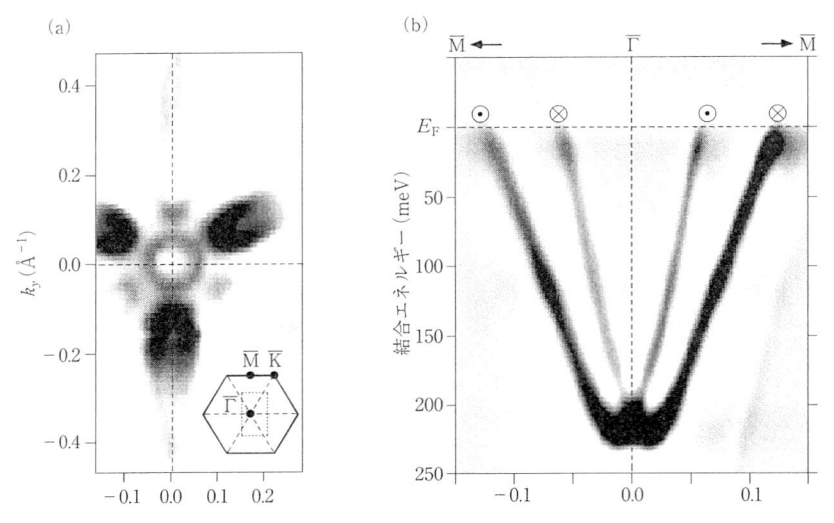

図 6.42 (a) ARPES から決定された Sb (111) 表面 Γ 点近傍におけるフェルミ面と (b) それを形成するバンドの分散[51]

2本のバンドにスピン分裂すると予想される．ただし，バルク内では空間反転対称性が保持されるためスピン縮退が解けないが，表面ではその対称性が破れるため分裂が許される（表面ラシュバ（Rashba）効果）．スピン軌道分裂の大きさは，軌道角運動量の増加とともに大きくなるため，一般に原子量の重い物質の表面では分裂が観測されやすい．しかし，そのエネルギースケールは高々数百 meV 程度であるため，初期の ARPES ではエネルギー分解能不足のため，ブロードな1本のピークとしてしか観測されなかったが，近年の装置分解能の向上により，観測できるようになったものである．

最近，表面におけるスピン軌道分裂が，V 属半金属の Bi や Sb 表面でも観測された．図 6.42 に，高分解能 ARPES から決定した Sb (111) 表面 Γ 点近傍におけるフェルミ面とそれを形成するバンド分散を示す[51]．Γ 点を中心とした六角形状のフェルミ面と，その周りに3回対称の強度分布を持つ葉巻型のフェルミ面が観測される．これらのフェルミ面は，バルクバンドの射影の内側に位置することから，ショックレー表面準位と同定される．また，このフェルミ面を作る2本のバンドは，Au (111) の場合と同様，ちょうど Γ 点1点で

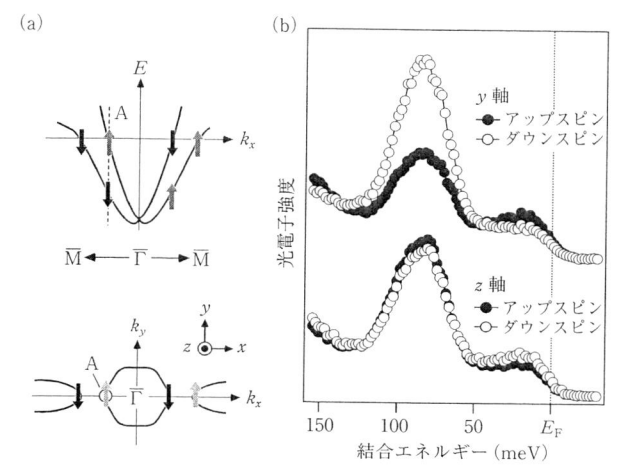

図 6.43 (a) Bi (111) 表面について表面 Rashba 効果から期待されるショックレーバンドのスピン分裂の様子，(b) Bi (111) 表面について，表面平行 (y 軸) 方向と表面垂直 (z 軸) 方向についてのスピン偏極 ARPES スペクトル
測定は，(a) の A 点で行った．

のみで縮退している．一般のバルク物質と表面では，その時間反転対称性によりスピンに依存したエネルギーバンド分散において $E(\boldsymbol{k},\uparrow)=E(-\boldsymbol{k},\downarrow)$ という制限がある．バルクの場合は，さらに空間反転対称性が成り立つため，$E(\boldsymbol{k},\uparrow)=E(-\boldsymbol{k},\uparrow)$ が要求される．両者を合わせると，$E(\boldsymbol{k},\uparrow)=E(\boldsymbol{k},\downarrow)$ となり，スピン縮退は解けない．しかし上述したように，表面においては空間反転対称性が破れるため後者の制約がなくなりスピン分裂が起きるが，ちょうど Γ 点では $E(0,\uparrow)=E(0,\downarrow)$ となり，Γ 点でのみバンドが縮退することになる．Sb (111) 表面ではこのバンド縮退が明確に観測されている．Au (111) との大きな違いは，スピン軌道分裂が極めて異方的で複雑であることで，それがフェルミ面形状に強く反映されていることである．

この V 属半金属表面における表面 Rashba 効果によるスピン分裂を，最近開発された高エネルギー分解能スピン分解光電子分光装置（図 6.38 参照）で測定した結果を図 6.43 に示す．測定は，前述の Sb (111) と同様の Bi (111) 面を用い，測定は図 6.43 (a) に示すブリルアンゾーン中の A 点で行った．A

点においては表面 Rashba 効果によりショックレー表面準位がアップスピンとダウンスピンに分裂することが期待される．図 6.43（b）に，結晶表面に垂直方向（z 軸）と平行方向（y 軸）のスピン分解光電子スペクトルを示す．垂直（z 軸）方向ではアップおよびダウンスピンのスペクトルに差はなく，Bi（111）表面のショックレー準位中の電子は面に垂直方向にはスピン偏極していないことを示す．一方，面に平行方向のスペクトルはアップとダウンスピンでスペクトル中のピークの強度が大きく変化しており，電子は面内にスピン偏極していることを示している．その y 軸方向のスピン分解光電子スペクトルを詳しく見てみると，約 20 meV 付近にあるフェルミ準位に近いピークの強度がアップスピンで強く，80 meV 付近のピークはダウンスピンで強くなっている．この強度の変化は，図 6.43（a）に示した表面 Rashba 効果によるバンドの分裂とスピン偏極の様子と合致しており，高分解能スピン分解光電子分光実験が確かに表面 Rashba 効果によるスピン軌道相互作用分裂を観測していることを示している．

文　　献

1章

1) P.A. Cox, *The Electronic Structure and Chemistry of Solids* (Oxford University Press, 1987), 魚崎浩平他訳, 『固体の電子構造と化学』(技報堂出版, 1989).
2) C. Kittel, *Introduction to Solid State Physics* 8th edition (John Wiley &Sons, 2005), 宇野良清他訳, 『キッテル固体物理学入門　第 8 版』(丸善, 2005).
3) J. Kortus, I. I. Mazin, K. D. Belashchenko, V. P. Antropov and L. L. Boyer, Phys. Rev. Lett. **86** (2001) 4656.
4) H. Ding, A. F. Bellman, J. C. Campuzano, M. Randeria, M. R. Norman, T. Yokoya, T. Takahashi, H. Katayama-Yoshida, T. Mochiku, K. Kadowaki, G. Jennings and G. P. Brivio, Phys. Rev. Lett. **86** (1996) 1533.

2章

5) H. Hertz, Annal. Physik **31** (1887) 983, 相原惇一他, 『電子の分光』(共立出版, 1978).
6) C. R. Brundle, J. Vac. Sci. Technol. **11** (1974) 212.
7) J. J. Yeh and I. Lindau, Atomic Data and Nuclear Data Tables **32** (1985) 1.
8) 藤森　淳, 『強相関物質の基礎』(内田老鶴圃, 2005).

3章

9) T. V. Vorburger, B. J. Waclawski and D. R. Sandstrom, Rev. Sci. Instrum. **47** (1976) 501.
10) S. Souma, T. Sato, T. Takahashi and P. Baltzer, Rev. Sci. Instrum. **78** (2007) 123104.
11) 木須孝幸・富樫　格・辛　埴, 渡部俊太郎, 固体物理 **40** (2005) 353.
12) 日本化学会編, 『電子分光』(東京大学出版会, 1977).
13) R. Feder, *Polarized Electrons in Surface Physics* (World Scientific, 1985) Chapter 5 by J. Kirschner.

4章

14) T. Takahashi, H. Sakurai and T. Sagawa, Solid State Commun. **44** (1982) 723.
15) A. Goldmann, J. Tejeda, N. J. Shevchik and M. Cardona, Phys. Rev. B **10** (1974) 4388.
16) A. Grassmann, G. Saemann-Ischenko and R. L. Johnson, Physica B + C **148** (1987) 67.
17) K. Sugawara, T. Sato, S. Souma, T. Takahashi and H. Suematsu, Phys. Rev. B **73** (2006) 045124.
18) K. Terashima, T. Sato, H. Komatsu, T. Takahashi, N. Maeda and K. Hayashi, Phys. Rev. B **68** (2003) 155108.
19) P. J. Feibelman and D. E. Eastman, Phys. Rev. B **10** (1974) 4932.
20) H. Kumigashira, H.-D. Kim, T. Ito, A. Ashihara, T. Takahashi, T. Suzuki, M. Nishimura, O. Sakai, Y. Kaneta and H. Harima, Phys. Rev. B **58** (1998) 7675.

21) T. Sato, K. Terashima, S. Souma, H. Matsui, T. Takahashi, H. Yang, S. Wang, H. Ding, N. Maeda and K. Hayashi, J. Phys. Soc. Jpn. **73**（2004）3331.
22) S. Souma, T. Sato, T. Takahashi, N. Kimura and H. Aoki, J. Electron Spec. Relat. Phenom. **144-147**（2005）545.
23) E. Kisker, K. Schröder, M. Campagna and W. Gudat, Phys. Rev. Lett. **52**（1984）2285.

5章
24) J. B. Pendry, Phys. Rev. Lett. **45**（1980）1356.
25) D. T. Pierce, R. J. Celotta, G.-C. Wang, W. N. Unertl, A. Galeja, C. E. Kuyatt and S. R. Mielczarek, Rev. Sci. Instrum. **51**（1980）478.
26) H. Ohsawa, T. Takahashi, T. Kinoshita, Y. Enta, H. Ishii and T. Sagawa, Solid State Commun. **61**（1987）347.
27) J. Kirschner, M. Globl, V. Dose and H. Schneidt, Phys. Rev. Lett. **53**（1984）612.
28) F. Maeda, T. Takahashi, H. Ohsawa, S. Suzuki and H. Suematsu, Phys. Rev. B **37**（1987）4482.

6章
29) T. Takahashi, H. Matsuyama, H. Katayama-Yoshida, Y. Okabe, S. Hosoya, K. Seki, H. Fujimoto, M. Sato and H. Inokuchi, Nature **334**（1988）691.
30) H.M. Fretwell, A. Kaminski, J. Mesot, J.C. Campuzano, M.R. Norman, M. Randeria, T. Sato, R. Gatt, T. Takahashi and K. Kadowaki, Phys. Rev. Lett. **84**（2000）4449.
31) H. Matsui, T. Sato, T. Takahashi, H. Ding, H.-B. Yang, S.-C. Wang, T. Fujii, T. Watanabe, A. Matsuda, T. Terashima and K. Kadowaki, Phys. Rev. B **67**（2003）R060501.
32) T. Sato, H. Matsui, S. Nishina, T. Takahashi, T. Fujii, T. Watanabe and A. Matsuda, Phys. Rev. Lett. **89**（2002）067005.
33) J. Bardeen, L. N. Cooper and J. R. Schrieffer, Phys. Rev. **108**（1957）1175.
34) N. N. Bogoliubov, Nuovo Cimento **794**（1958）794.
35) H. Matsui, T. Sato, T. Takahashi, S.-C. Wang, H.-B. Yang, H. Ding, T. Fujii, T. Watanabe and A. Matsuda, Phys. Rev. Lett. **90**（2003）217002.
36) T. Sato, H. Matsui, T. Takahashi, H. Ding, H.-B. Yang, S.-C. Wang, T. Fujii, T. Watanabe, A. Matsuda, T. Terashima and K. Kadowaki, Phys. Rev. Lett. **91**（2003）157003.
37) S. Souma, Y. Machida, T. Sato, T. Takahashi, H. Matsui, S.-C. Wang, H. Ding, A. Kaminski, J. C. Campuzano, S. Sasaki and K. Kadowaki, Nature **423**（2003）65.
38) S. Tomonaga, Prog. Theor. Phys. 5 (1950) 349, J. M. Luttinger, J. Math. Phys. **4** (1963) 1154.
39) E. H. Lieb and F. Y. Wu, Phys. Rev. Lett. **20**（1968）1445.
40) H. Fujisawa, T. Yokoya, T. Takahashi, S. Miyasaka, M. Kibune and H. Takagi, Solid State Commun. **106**（1998）543.
41) 遠山貴己・前川禎通，固体物理 **32**（1997）361.
42) T. Takahashi, Surface Review and Letters **9**（2002）995.
43) R. Saito, G. Dresselhaus and M. S. Dresselhaus, *Physical Properties of Carbon Nanotubes* (Imperial College Press, 1998).
44) T. Ando, J. Phys. Soc. Lpn. **74**（2005）2421.

45) M. Hengsberger, D. Purdie, P. Segovia, M. Garnier and Y. Baer, Phys. Rev. Lett. **83** (1999) 592.
46) G. Grimvall, *The Electron-Phonon Interaction in Metals*, edited by E. Wohlfarth (North-Holland, 1981).
47) J. Shi, S.-J. Tang, B. Wu, P. T. Sprunger, W. L. Yang, V. Brouet, X. J. Zhou, Z. Hussain, Z.-X. Shen, Z. Zhang and E. W. Plummer, Phys. Rev. Lett. **92** (2004) 186401.
48) Y. J. Sun, S. Agario, S. Souma, K. Sugawara, Y. Tago, T. Sato and T. Takahashi, Phys. Rev. B **77** (2008) 125115.
49) S. Souma, A. Takayama, K. Sugawara, T. Sato and T. Takahashi, Rev. Sci, Instrum. **81** (2010) 095101.
50) G. Nicolay, F. Reinert, S. Hufner and P. Blaha, Phys. Rev. B **65** (2002) 033407.
51) K. Sugawara, T. Sato, S. Souma, T. Takahashi, M. Arai and T. Sasaki, Phys. Rev. Lett. **96** (2006) 046411.

さらに勉強するために

固体の電子構造（固体物理）に関して
C. Kittel, *Introduction to Solid State Physics* 8th edition（John Wiley & Sons, 2005），宇野良清他訳，『キッテル固体物理学入門　第8版』（丸善，2005）．

P. A. Cox, *The Electronic Structure and Chemistry of Solids*（Oxford University Press, 1987），魚崎浩平他訳，『固体の電子構造と化学』（技報堂出版，1989）．

光電子分光に関して
・光電子分光全般

  M. Cardona and L. Ley, *Photoemission in Solids I and II*（Springer-Verlag, 1978）．

  S. Hüfner, *Photoelectron Spectroscopy*（Springer, 2003）．

  日本化学会編，『電子分光』（東京大学出版会，1977）．

  相原惇一他，『電子の分光』（共立出版，1978）．

・強相関電子系の光電子分光

  藤森　淳，『強相関物質の基礎』（内田老鶴圃，2005）．

・スピン分解光電子分光

  R. Feder, *Polarized Electrons in Surface Physics*（World Scientific, 1985）．

・高温超伝導体の光電子分光

  J. C. Campuzano, M. R. Norman and M. Randeria, *Photoemission in the High-T_c Superconductors*, in *The Physics of Superconductors*, edited by K. H. Bennemann and J. B. Ketterson（Springer-Verlag, 2004）．

  A. Damascelli, Z. Hussain and Z.-X. Shen, *Angle-resolved photoemission studies of the cuprate superconductors*, in Rev. Mod. Phys. **75**（2003）473．

  D. W. Lynch and C. G. Olson, *Photoemission Studies of High-Temperature Superconductors*（Cambridge University Press, 1999）．

  S. Hüfner（ed.），*Very High Resolution Photoelectron Spectroscopy*（Springer, 2007）．

索 引

欧 文

AlB$_2$ 60
ARPES 52
azimuthal angle 52

BCS 理論 88
Bi$_2$Sr$_2$CaCu$_2$O$_8$ 83
Bi 系高温超伝導体 83
BIS（Bremsstrahlung Isochromat Spectroscopy） 66

CCD カメラ 29, 40

d$_{x^2-y^2}$ 波的超伝導ギャップ 87

EDC 26

GeTe 47

isochromat mode 66

Kramers-Kronig の関係 25
Kronig-Penny の問題 9

LaSb 58
LCAO 5
LEED 検出器 43
LO フォノン 96

MDC 26
MgB$_2$ 13

NEA カソード 72

particle-hole mixing 89
polar angle 52

s 波的超伝導ギャップ 87
sp^2 混成軌道 106
Sr$_2$CuO$_3$ 100
Stern-Gerlach の実験 42
super Coster-Kronig 過程 51

tunable photon-energy mode 66

USb$_2$ 104

VSe$_2$ 56, 60

X 線管 31

ア 行

アインシュタイン 16
アクチノイド 103
アニール 49
アモルファス 48
アンチノード 95

イオン化ポテンシャル 16
イオンポンプ 29
移送過程 17
1 次元金属 100
1 次の収束 39
1 電子近似 23, 24
イッテルビウム 36

因果律　25
インコヒーレントピーク　25
インジウム1次元金属鎖　115
引力相互作用　94

ウィグナー–ザイツ格子　10
運動量　41,54

エネルギーギャップ　8
エネルギー固有値　5
エリアシュベルグ関数　112
円偏光　73

大きなフェルミ面　86
重い電子　104
重い伝導電子　14

カ 行

ガイガー–ミュラー計数管　69
回転楕円反射鏡　69
外部光電効果　15
外部磁場　30
角度積分光電子分光　47
角度分解光電子分光　52

キセノンプラズマ放電管　33
基底状態　19
逆光電子分光法　66
キューリー温度　63
強磁性　63
共鳴光電子分光　49,50
局在　106
キンク　94
キンク構造　112
金属系超伝導体　97

空間電荷効果　37
空間反転対称性　121
空洞共振器　34
クーパー対　88
クライオポンプ　29
グラファイト　7,55,71,76,106

グラフェン　106
グリーン関数　23
グレーティング分光器　71
クーロン反発力　82

結合エネルギー　19
結合軌道　2
原子軌道　1
減衰波　57

高温超伝導体　79,82
交換相互作用　63,102
光源　30
光検出バンドパス特性　71
光子の運動量　60
光電子スペクトル　19,22
光電子放出強度　21
高分解能光電子分光装置　79
光量子仮説　16
光励起過程　17
光励起断面積　49
光励起微分断面積　21
小型モット検出器　44
コーシーの積分主値　24
固体電子増倍管　28
コヒーレンス因子　89,93
コヒーレントピーク　25

サ 行

サイクロトロン運動　33
差動排気系　28

時間反転対称性　121
磁気的相互作用　96
σバンド　56,97
自己エネルギー　25,26,95
自己吸収　33
仕事関数　19,54
自然幅　32
シャーマン関数　43
修正されたスペクトル強度　91
準粒子　13,95

準粒子ピーク　25, 111
焼結体　97
常磁性　64
消滅演算子　24
ショックレー準位　118
真空準位　16
真空蒸着　45
浸食作用　35

垂直放出法　59
ストナー型強磁性　63
スパッター法　45
スパッタリング　34
スピノン　14, 100
スピン　42
スピン-軌道相互作用　42, 72
スピン軌道分裂　119
スピン検出器　42
スピン縮退　120
スピンと電荷の分離　14, 100
スピン分解光電子分光　115
スピン偏極度　45
スピン偏極率　73
スペクトル関数　24
3ステップモデル　17
スリット　39

生成演算子　24
静電半球型電子エネルギー分析器　38
制動輻射　31
絶縁体　10
ゼロギャップ半導体　107
遷移確率　17
線形バンド分散　107
占有電子状態　65, 91

層間バンド　71
相互作用積分　7
層状物質　54
相対論的効果　43
素励起　13

タ 行

ダイソン方程式　25
楕円偏光　37
ターゲット　44
多重ギャップ超伝導体　97
多重散乱　44
多体相互作用　94
脱出過程　17
脱出深さ　18, 21, 57
多電子系　23
ターボ分子ポンプ　29
単色光源　37

小さなフェルミ面　86
地磁気　28
チャンネルトロン　28
超高速電子デバイス　106
超伝導ギャップ　86
直線偏光　37
直流型放電管　32

ディラックエネルギー　109
ディラックコーン　107
ディラックフェルミオン　107
ディラック方程式　107
ディラック粒子　106
電子エネルギー分析器　38
電子-格子結合　110
電子銃　69, 72
電子状態密度　3, 23
電子親和力　72
電子スピン検出器　43
電子相関　20, 82
電子-電子散乱　21
電子-電子相互作用　20
電子-フォノン結合　111

銅酸化物高温超伝導体　82
ドップラー広がり　33
朝永-ラッティンジャー液体　100
トンネル分光　86

ナ 行

内部ポテンシャル 54

2極管 31
2次元計測 40
2次電子 18
2次電子分光 75
2バンド超伝導モデル 99
2ホウ化マグネシウム 13,96

熱シールド 30

ノード 95

ハ 行

パイエルス転移 112
πバンド 56,97
波数 4
バルク敏感 34,36
反結合軌道 2
バンド 3
半導体 10
バンド間遷移 21
バンド構造 7
バンドパスフィルター 71

ピアース型 69
微細構造定数 67
非占有電子状態 66,91
非対称性パラメータ 43
非弾性散乱 18
表面バンド 97,110
表面ポテンシャル 19
表面ラシュバ効果 120

フェルミ液体 100
フェルミ準位 10
フェルミ端 84,86
フェルミ分布関数 81,91
フェルミ面 11,56

フェルミ面角度 87
フォノン 13,88
不確定性原理 57
プラズモン 14
ブラッグ反射 10
フランク-コンドン原理 20
ブリルアンゾーン 10,47
ブロッホ関数 5
分解能 39
分子軌道 1

並進対称性 42,54
平面波 3
劈開 46
ヘリウムプラズマ放電管 33
ヘルツの実験 15
偏向器 117
遍歴 106

放射光 37
放出角度 42
放電管 31
ボゴリューボフ準粒子 14,89
ホッピングエネルギー 102
ポーラロン 14
ボルン-オッペンハイマー近似 20
ホロン 14,100

マ 行

マイクロ波 33
マグネトロン 34
マグノン 14
マルチチャンネルプレート 29,40

ミューメタル 29

モット検出器 43,61,115
モット-ハバード絶縁体 82
モード 94,111

ラ 行

ランダウのフェルミ液体　14
ランタノイド　103

リードベルグ状態　16

レーザー　37
連続光源　37

著者略歴

高橋　隆(たかはし　たかし)

1951 年　新潟県に生まれる
1981 年　東京大学大学院理学系研究科博士課程中退
現　在　東北大学大学院理学研究科教授
　　　　理学博士

現代物理学［展開シリーズ］3
光電子固体物性　　　　　　　　定価はカバーに表示

2011 年 2 月 20 日　初版第 1 刷
2017 年 10 月 25 日　第 4 刷

著　者　髙　橋　　　隆
発行者　朝　倉　誠　造
発行所　株式会社　朝　倉　書　店
　　　　東京都新宿区新小川町 6-29
　　　　郵便番号　162-8707
　　　　電　話　03(3260)0141
　　　　ＦＡＸ　03(3260)0180
　　　　http://www.asakura.co.jp

〈検印省略〉

真興社・渡辺製本

© 2011〈無断複写・転載を禁ず〉

ISBN 978-4-254-13783-5　C 3342　　Printed in Japan

JCOPY ＜(社)出版者著作権管理機構 委託出版物＞

本書の無断複写は著作権法上での例外を除き禁じられています．複写される場合は，そのつど事前に，(社)出版者著作権管理機構(電話 03-3513-6969, FAX 03-3513-6979, e-mail: info@jcopy.or.jp)の許諾を得てください．

好評の事典・辞典・ハンドブック

物理データ事典 　日本物理学会 編　B5判 600頁
現代物理学ハンドブック 　鈴木増雄ほか 訳　A5判 448頁
物理学大事典 　鈴木増雄ほか 編　B5判 896頁
統計物理学ハンドブック 　鈴木増雄ほか 訳　A5判 608頁
素粒子物理学ハンドブック 　山田作衛ほか 編　A5判 688頁
超伝導ハンドブック 　福山秀敏ほか編　A5判 328頁
化学測定の事典 　梅澤喜夫 編　A5判 352頁
炭素の事典 　伊与田正彦ほか 編　A5判 660頁
元素大百科事典 　渡辺 正 監訳　B5判 712頁
ガラスの百科事典 　作花済夫ほか 編　A5判 696頁
セラミックスの事典 　山村 博ほか 監修　A5判 496頁
高分子分析ハンドブック 　高分子分析研究懇談会 編　B5判 1268頁
エネルギーの事典 　日本エネルギー学会 編　B5判 768頁
モータの事典 　曽根 悟ほか 編　B5判 520頁
電子物性・材料の事典 　森泉豊栄ほか 編　A5判 696頁
電子材料ハンドブック 　木村忠正ほか 編　B5判 1012頁
計算力学ハンドブック 　矢川元基ほか 編　B5判 680頁
コンクリート工学ハンドブック 　小柳 治ほか 編　B5判 1536頁
測量工学ハンドブック 　村井俊治 編　B5判 544頁
建築設備ハンドブック 　紀谷文樹ほか 編　B5判 948頁
建築大百科事典 　長澤 泰ほか 編　B5判 720頁

価格・概要等は小社ホームページをご覧ください．